United Nations
Educational, Scientific and
Cultural Organization

Intangible
Cultural
Heritage

雕版印刷／传统木结构营造技艺

争奇斗艳的世界非物质文化遗产（彩图版）

吉林出版集团有限责任公司｜全国百佳图书出版单位

前　言

我国向联合国教科文组织申报并获准批复了30项世界非物质文化遗产。我们将其中的绝大部分非物质文化遗产收录,编排成16本《争奇斗艳的世界非物质文化遗产》系列丛书。具体内容我们将在这套丛书中做详尽的介绍。

中国古代源远流长、博大精深的汉字文化、雕刻技艺、简帛制度、笔墨纸张的应用,以及浩瀚的典籍,都为雕版印刷术的发明,提供了必要的条件。

雕版印刷的工艺流程极为复杂,大致可分四个环节,每个环节又有若干程序。

扬州广陵古籍刻印社保留着国内唯一的全套古籍雕版印刷工艺流程,共有二十多道工序,整个流程散发着古朴典雅的文化气息。

尚存最早的印刷品,为西安唐墓出土的印刷品《陀罗尼经》。敦煌藏经洞所出的《金刚经》,为卷轴装,前有插图,后有年代,为公元868年刻印。整个印品刻版娴熟,印刷墨色厚重,证明当时雕版印刷技艺已达很高水平。

唐代印刷品除佛经外,还有历日、字书、文集及通俗读物。

五代十国时,印刷地域有所扩大,品种增多,最突出的是政府开始在国子监组织编印儒家经典。两宋时,雕版印刷达到鼎盛。

元代印刷业持续发展，突出特点是几所儒学联合分工印书，使《十七史》《玉海》等大部头书得以快速出版。

明代雕版印刷，地域之广、品种之多、数量之大，都超过前代。政府的司礼监经厂，有刻、印、装订等工匠近千人。

到了明代中、后期，扬州雕版印刷空前发展，刻书之风大长，官刻、家刻、坊刻盛极一时，刻印之书不可胜计。

清代初期的文字狱，曾影响民间印刷业的发展，技艺没有新的提高，但印刷量还是很大的。

新中国成立以后，于1960年成立的“扬州广陵古籍刻印社”为扬州雕版印刷史谱写了新的光辉篇章，被海内外誉为“江苏一宝”，乃至“全国一宝”。

中国传统建筑是以木结构框架为主的建筑体系，以土、木、砖、瓦、石为主要建筑材料。中国匠师在几千年的营造过程中积累了丰富的技术工艺经验，以榫卯为木构件的主要结合方法，以模数制为尺度设计和加工生产手段的建筑营造技术体系。

营造技艺以师徒之间“言传身教”的方式世代相传。由这种技艺所构建的建筑及空间体现了中国人对自然和宇宙的认识，凝结了古代科技智慧，展现了中国工匠的精湛技艺。这种营造技艺体系延承7 000年，遍及中国全境，并传播到日本、韩国等东亚各国，是东方古代建筑技术的代表。

目 录 MULU

雕版印刷

第一章 雕版印刷——人类文明“活化石”

第二章 穿过历史长河的雕版技艺

第三章 雕版印刷悠久的历史和成熟的工艺

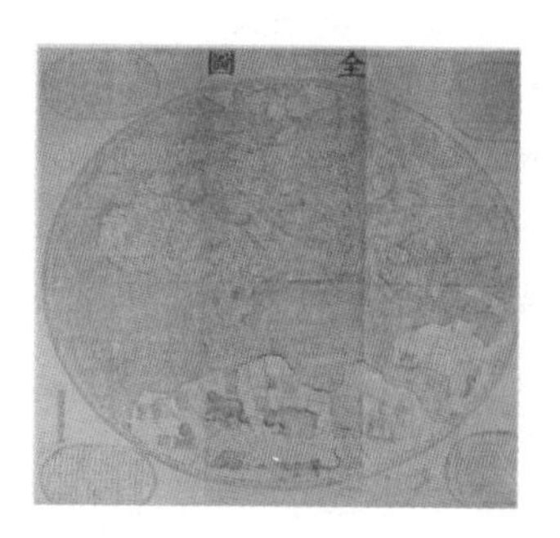

目录

传统木结构营造技艺

目 录 MULU

第三章 中国木结构建筑历史悠久

第四章 发展有中国特色的木结构

雕版印刷

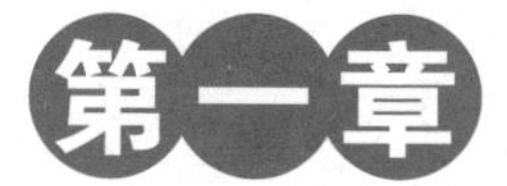

雕版印刷——人类文明“活化石”

雕版印刷的发明与作用

雕版印刷是最早在中国出现的印刷形式。现存最早的雕版印刷品是公元868年印刷的《金刚经》,现藏大英博物馆。不过雕版印刷可能在大约2 000年以前就已经出现了。

被称为“活化石”的雕版

雕版印刷《金刚经》

雕版印刷在印刷史上有“活化石”之称。扬州是中国雕版印刷术的发源地,是中国国内唯一保存全套古老雕版印刷工艺的城市。国家非常重视非物质文化遗产的保护。

2007年6月5日,经国家文化部确定,江苏省扬州市的陈义时为该文化遗产项目代表性传承人,并被列入第一批国家级非物质文化遗产项目226名代表性传承人名单。

2009年9月30日,联合国教科文组织保护非物质文化遗产政府间委员会第四次会议在阿联酋首都阿布扎比做出决议,由扬州广陵古籍刻印社、南京金陵刻经处、四川德格印经院代表中国申报的雕版印刷技艺正式入选《世界人类非物质文化遗产代表作名录》。

雕版印刷的第一步是制作原稿。然后将原稿翻转过来摊在平整的大木板上,固定好。

然后各种有技术水平的工匠在木板上雕刻原稿上的画或文字。大师级雕工负责精细部分的,雕刻比较便宜的木头或比较不重要部分的则由较低级的工匠来做。

木板刻好后刷上墨,在印刷机中加压形成原稿的复制品。

在一些方法中,雕版印刷优于铸造活字印刷。例如像中文这样的语言,有很大的字符集,雕版印刷在初期投入时会更便宜一些。这个工艺也具有更多的艺术绘画的自由,例如图画和图表的绘制。

不过,印刷版不耐用,在印刷使用中很快就损坏了需要不断更换,限制了大量印刷的可能性。

雕版印刷——大约在公元3世纪的晋代，随着纸、墨的出现，印章也开始流行起来。

公元四世纪东晋时期，石碑拓印得到了发展。它把印章和拓印结合起来，再把印章扩大成一个版面，蘸好墨，仿照拓印的方式，把纸铺到版上印刷，即为雕版印刷的雏形。大约在公元七世纪前期，世界上最早的雕版印刷术在唐朝诞生了。

雕版印刷需要先在纸上按所需规格书写文字，然后反贴在刨光的木板上，再根据文字刻出阳文反体字，这样雕版就做成了。

接着在版上涂墨，铺纸，用棕刷刷印，然后将纸揭起，就成为印品。雕刻版面需要大量的人工和材料，但雕版完成后一经开印，就显示出效率高、印刷量大的优越性。

雕版印刷的印品，可能开始只在民间流行，并有一个与手抄本并存的时期。

唐穆宗长庆四年，诗人元稹为白居易的《长庆集》作序中有“牛童马走之口无不道，至于缮写模勒，炫卖于市井”。模勒就是模刻，炫卖就是叫卖，这说明当时的上层知识分子白居易的诗的传播，除了手抄本之外，已有印本。1944年，发现于成都唐墓，是唐末期的雕版印刷品。

宋代，雕版印刷已发展到全盛时代。公元971年成都刻印全部5 048卷的《大藏经》，雕版13万块，花费12年。至今中国仍保存着大约700本宋代的雕版印刷的古籍，清晰精巧的字迹使之被认为是稀有的书中典范。

沈括在《梦溪笔谈》中说，雕版印刷唐代尚未盛行。五代

字迹清晰的雕版

沈括像

时期开始印制大部分儒家书籍，冯道始印九经。以后，经典皆为版刻本。

古代雕版印刷图书，按其组织形式可分为官刻、坊刻和家刻，传承的特点各不相同。

官刻是由官方从各地征集优秀匠人集中刻印图书。匠工们来自四面八方，在一起相互交流技艺，对雕版印刷术的提高和推广起到重要作用。

坊刻是由坊主聘请雕版印刷艺人，集中于书坊内刻印图书。其选题与刻印种类都与坊主的学识水平、兴趣爱好有着密切关系。长此以往，便逐步形成某个书坊独特的刻印风格或在某个地区形成坊刻的流派。

如民国中期，扬州的陈恒和父子创办了“陈恒和书林”，从事刻版修版校印古籍。他们悉心搜集乡邦文献遗稿，辑刊《扬州丛刊》，被誉为扬州坊刻后起之秀。

清末至民国期间，雕版印刷走向衰微，能够传承与延续下来的一支主要力量便是坊刻。

最后是家刻，他们以家族传承或拜师带徒的方式传承下来。

1958年，陈正春受聘于扬州古旧书店，并参与筹建广陵古籍刻印社。

雕版印刷术是一种具有突出价值且民族特征鲜明、传统技艺高度集中的人类非物质文化遗产。它凝聚着中国造纸术、制墨术、雕刻术、摹拓术等几种优秀的传统工艺，最终形成了这种独特文化工艺；它为后来的活字印刷术开了技术上的先河，是世界现代印刷术的最古老的技术源头，对人类文明发展有着突出贡献；它的实施对文化传播和文明交流提供了最便捷的条件。

在中国的四大发明中，有两项即造纸术和印刷术与它直接相关，这在中国其他传统工艺中是罕见的。

在七项非物质文化遗产中，剪纸、漆器、评话等一般都有南北之分，有一定的区域限制。但雕版印刷术则是唯一一个没有区域限制影响遍布全国的文化形态，它的影响甚至传及海外。作为一种民族遗产，它不仅是中国的，也是世界的。

雕版印刷的发展现状

扬州是中国雕版印刷术的发源地，是国内唯一保存全套古老雕版印刷工艺的城市。目前，扬州藏有近30万片明清以来的古籍版片，并采用雕版印刷出版了大量的古籍线装书籍，成为全国最大的线装书加工基地。

随着现代激光照排技术的兴起，活字印刷的市场空间越来越小。

入选国家级非物质文化遗产项目代表性传承人名单的陈义时今年已经60岁，由于从事雕版行业收入偏低，很少有年轻人愿意拜师学艺，目前扬州雕版印刷技艺仅剩一个“传人”。

陈义时等向有关部门建议，创办雕版印刷技艺传习所，将已经退休回家的老艺人重新召集起来，招一批有志于雕版印刷的学员，传授雕版印刷技艺。

刻版

雕版印刷之乡扬州又“复活”一项失传已久

毕昇像

的活字刻印技艺。

该市规模最大、历史最悠久的雕版印刷场所扬州广陵古籍刻印社表示，经过近6年的前期工作，失传近千年的宋朝毕昇泥活字雕刻印刷绝技，在扬州成功复活。该社已成功研制出全本泥活字《梦溪笔谈》。

宋朝毕昇发明出“薄如钱唇、细如蛛丝”的泥活字雕刻印刷绝技。因为对原料、手工雕刻技术和印刷的要求太高，传世不久即告失传，现代也没有发现毕昇泥活字的模具。

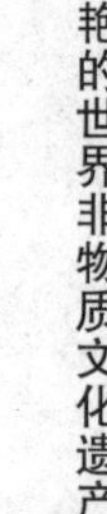

清朝中期，安徽泾县秀才翟泾生花了30年时间，研制成功“泥字范”，即先刻成“木活字”，再制成泥“字模”，在当时印制了为数不多的书籍。

但严格地讲，“泥字范”与“泥活字”尚有差距，“泥字范”没有形成直接在特制泥块上雕刻“反字”的技艺，宋朝毕昇的“绝技”一直没有恢复。

从2000年起，广陵古籍刻印社开始酝酿制作泥活字，着手相关前期工作。经过多次试验，选定扬州蜀冈之上粘性和湿度都比较适中的黄土作为“泥活字”的用土，经过筛选、过滤等工序后，“锤炼”即反复手工拍打、揉捏就得花上一年时间。

然后一个字一个字地在泥块上进行手工“反字”雕刻，这种雕刻的难度比在木块上雕刻“正字”明显增大。此次泥活字《梦溪笔谈》就是工艺师们精心雕刻成功的。

除了雕刻的难度外，在经历了多次失败后，克服了泥活字印刷的难度，复活了在砚墨里添加骨胶的印刷技艺。

据悉，泥活字《梦溪笔谈》一经面世，立刻被送到北京，作为北京印刷学院活字研究的教学用具。

2005年10月，江苏省扬州雕版印刷博物馆对外试开放。被誉为清代扬州雕版印刷极盛时期标志的《全唐诗》初刻初印本，回到扬州与世人见面。

出现于唐朝中期的扬州雕版印刷业，发展至清代达到顶峰，规模和质量都前所未有。

康熙四十四年，《红楼梦》作者曹雪芹的祖父曹寅奉旨刊刻《全唐诗》，从校补、缮写到雕版、印刷、装帧，无不精益求精，是扬州历史上规模最大、质量最高的一次图书刊刻活动。

目前扬州图书馆、扬州古籍书店等处保存的都是《全唐诗》后印本，而此次扬州雕版印刷博物馆收藏的《全唐诗》初刻初印本一套共120本，弥补了这一缺憾。

扬州“雕版印刷技艺传习所”正式挂牌成立。

雕版印刷发明的年代

早期印刷活动主要在民间进行，多用于印刷佛像、经咒、发愿文

沈括像

以及历书等。唐初，玄奘曾用回锋纸印普贤像，施给僧尼信众。

1966年在南朝鲜发现雕版陀罗尼经，刻印于704—751年之间，为目前所知最早的雕版印刷品。现收藏在英国伦敦博物馆的唐咸通九年王玠为二亲敬造普施的《金刚经》，是现存最早的标有年代的雕版印刷品。

此件由七张纸粘成一卷，全长488厘米，每张纸高76.3厘米，宽30.5厘米，卷首刻印佛像，下面刻有全部经文。

这卷印品雕刻精美，刀法纯熟，图文浑朴凝重，印刷的墨色也浓厚匀称，清晰鲜明，刊刻技术已达到较高水平。

九世纪时，雕版印刷的使用已相当普遍。五代时期，不仅民间盛行刻书，政府也大规模刻印儒家书籍。自后唐明宗长兴三年起，到后周广顺三年，前后二十二年刻印了《九经》《五经文字》《九经字样》各二部，一百三十册。

宋代雕版印刷更加发达，技术臻于完善，尤以浙江的杭州、福建的建阳、四川的成都刻印质量为高。

宋太祖开宝四年，张徒信在成都雕刊全部《大藏经》，费时二十二年，计一千零七十六部，五千零四十八卷，雕版达十三万块之多，是早期印刷史上最大的一部书。

刻版中

元、明、清三代从事刻书的不仅有各级官府，还有书院、书坊和私人。所刻书籍，遍及经、史、子、集四部。

彩色套印于北宋初年就在四川流行有“交子”，即用朱墨两色套印的纸币。

十四世纪时元代中兴路，今湖北江陵地区，用朱墨两色刊印的《金刚经注》，是现存最早的套色印本。

到十六世纪末，套色印刷广泛流行。明代万历年间凌瀛初都是擅长套色印刷术的名家，清代套色印刷技术又得到进一步的提高。

这种套色技术与版画技术相结合，便产生出光辉灿烂的套色版画。明末《十竹斋书画谱》和《十竹斋笺谱》都是古版画的艺术珍品。

在隋末唐初，由于大规模的农民起义，推动了社会生产的发展，文化事业也跟着繁荣起来，客观上有产生雕版印刷的迫切需要。

根据明朝时候邵经邦《弘简录》一书的记载：唐太宗的皇后长孙氏收集封建社会中妇女典型人物的故事，编写了一本叫《女则》的书。贞观十年长孙皇后死了，宫中有人把这本书送到唐太宗那里。唐太宗看到之后，下令用雕版印刷把它印出来。贞观十年是公元636年。《女则》的印行年代可能就是这一年，也可能稍后一些。这是中国文献资料中提到的最早的刻本。

从这个资料来分析。可能当时民间已经开始用雕版印刷来印行书籍了，所以唐太宗才想到把《女则》印出来。雕版印刷发明的年代，一定要比《女则》出版的年代更早。

到了9世纪的时候，中国用雕版印刷来印书已经相当普遍了。

唐朝时候，杰出诗人白居易把自己写的诗编成了一部诗集——《白氏长庆集》长庆四年十二月十日，白居易的朋友元稹给《白氏长庆集》写了一篇序文，序文中说：当时人们把白居易的诗“缮写模勒”，在街上贩卖，到处都是这样。

从前人们把刻石称为“模勒”，到了唐代，也就把雕版称为“模勒”了。这里的“模勒”两字就是雕版印刷的意思。

《旧唐书》还有这样一条记载，大和九年，唐文宗下令各地，不得私自雕版印刷历书。这是怎么一回事呢？

根据另外一些古书的记载情况是这样：当时剑南、两川和淮南道的人民，都用雕版印刷历书，在街上出卖。每年，管历法的司天台还没有奏请颁发新历，老百姓印的新历却已到处都是了。

民间刻印

颁布历法是封建帝王的特权，东川节度使冯宿为了维护朝廷的威信，就奏请禁止私人出版历书。

历书关系到农业生产，农民非常需要，一道命令怎么禁得了呢？虽然唐文宗下了这道命令，但是民间刻印的历书仍旧到处风行。就是在同一个地区，民间印刷历书的也不止一家。

黄巢起义的时候，唐僖宗慌慌张张逃到了四川。皇帝也逃跑了，当然没有人来管理禁印历书的事了。因此，江东地方的人民就自己编印了历书出卖。

唐僖宗中和元年，有两个人印的历书，在月大月小上差了一天，发生了争执。

一个地方官知道了，就说："大家都是同行做生意，相差一天半天又有什么关系呢？"

历书怎么可以差一天呢？那个地方官的说法真叫人笑掉了牙。这件事情却告诉我们，单是江东地方，就起码有两家以上印刷历书。

当时跟着唐僖宗逃到四川的柳玭在他的《家训》的序里也说，他在成都的书店里看到好多关于阴阳、杂记、占梦等方面的书籍。这些书大多是雕版印刷的。可见当时成都的印刷业比较发达，不但印历书，还印其他各种书籍了。

现存最早的雕版《金刚经》

唐朝刻印的书籍，现在保存下来只有一部咸通九年刻印的《金刚经》。咸通九年是公元868年，离现在已经一千多年了。这一千多年前的印刷品，是怎样保存下来的呢？这里还有一段故事。

甘肃省敦煌东南有座鸣沙山。早在晋朝的时候，有一些佛教徒在这里开了山洞，雕刻佛像，建筑寺庙。山洞不断增加，佛像也跟着增多，人们就把这里称为“千佛洞”。

1900年，有一个王道士在修理洞窟的时候，无意中发现了一个密闭的暗室，打开一看，里面堆满了一捆捆纸卷，其中有相当多的纸卷是唐代抄写的书籍，还有一卷是唐代刻印的《金刚经》。

这部《金刚经》长约一丈六尺，高约一尺，是由七个印张粘连而成的卷子。卷首有一幅画，上面画着释迦牟尼对他的弟子说法的神话故事，神态生动，后面是《金刚经》的全文。卷末有一行文字，说明是咸通九年刻印的。这本书是世界上现存的最早的雕版印刷书籍。图画也是雕刻在一块整版上的，也许是世界上最早的版画。

到了五代时候，有个封建官僚叫冯道。他在短短的五个朝代中做过四个朝代的大官，是个卑鄙无耻的家伙。他看到江苏、四川等

《金刚经》拓片

地人民贩卖的印本书籍，各种各样都有，单单没有儒家经典，就在后唐长兴三年向皇帝建议雕版印刷儒家经典。

当时共印九种经书，经历了四个朝代。直到后周广顺三年，先后花了二十二年的时间，才全部刻成。

因为这次刻书影响比较大，后来竟有人认为印刷术是五代时候冯道发明的，这当然是错误的。

到了宋朝，印刷业更加发达，全国各地到处都刻书。

北宋初年，成都印《大藏经》，刻版十三万块；北宋政府的中央教育机构——国子监，印经史方面的书籍，刻版十多万块。从这两个数字，可以看出当时印刷业规模之大。

宋朝雕版印刷的书籍，现在知道的就有七百多种，而且字体整齐朴素，美观大方，后来一直为中国人民所珍视。

宋朝的雕版印刷，一般多用木版刻字，但也有人用铜版雕刻。

上海博物馆收藏有北宋“济南刘家功夫针铺”印刷广告所用的铜版，可见当时也掌握了雕刻铜版的技术。

说起印制书籍，雕版印刷的确是一个伟大的创造。一种书，只雕一回木版，就可以印很多部，比用手写不知要快多少倍了。

可是用这种方法，印一种书就得雕一回木版，费的人工仍旧很多，无法迅速地、大量地印刷书籍，有些书字数很多，常常要雕好多年才能雕好。万一这部书印了一次不再重印，那么，雕得好好的木版就完全没用了。

有什么办法改进呢？

早期印刷最大的《大藏经》

现存最早的雕版印刷品是1966年在韩国庆州佛国寺发现的《无垢净光大陀罗尼经》，刻印于7世纪末中国唐朝武则天时代。

雕版印刷是在一定厚度的平滑的木板上，粘贴上抄写工整的书稿，薄而近乎透明的稿纸正面和木板相贴，字就成了反体，笔画清晰可辨。

雕刻工人用刻刀把版面没有字迹的部分削去，就成了字体凸出的阳文，和字体凹入的碑石阴文截然不同。

印刷的时候，在凸起的字体上涂上墨汁，然后把纸覆在它的上面，轻轻拂拭纸背，字迹就留在纸上了。

缺点是刻版费时费工费料，大批书版存放不便，有错字不容易更正。

后来宋代发明家毕昇对雕版印刷进行改进，发明了活字印刷，成为中国古代四大发明之一。

雕版印刷术是在版料上雕刻图文径行印刷的技术。它在中国的发展，经历了由印章、墨拓石碑到雕版，再到活字版的几个阶段。

雕版印刷的版料，一般选用纹质细密坚实的木材，如枣木、梨木等。制版和印刷的程序是：先把字写在薄而透明的绵纸上，字面朝下贴到版上，用刻刀按字形把字刻出，然后在刻成的版上加墨。把

雕版印刷改变印刷的历史

纸张覆盖在版上，用刷子轻匀揩拭，揭下来，文字就转印到纸上并成为正字。

自东汉以后，中国出现了300多年的分裂混乱局面。到隋朝又趋于统一。

隋政府在文化上的建树，是大力提倡佛教，尊重儒学，广泛搜集历代典籍；在科技工程上的丰碑则是修建千古运转的大运河。

当时的隋政府由于倡导科举制度，使读书人大增，儒家典籍得以广泛流传。尤其是当时寺院林立，僧侣众多，无休止的抄写佛经，使人们迫切需求一种快速复制图文的方法，这就激发了印刷术的发明。

到了唐朝，出现了中国历史上文化、科技的鼎盛时期。在国家统一、政治开明、文化繁荣的社会氛围下，人们对书籍产生了大量的需求。

所有这些都为印刷术的诞生提供了良好的条件。历史文献和留存实物证明，促使印刷术发明的有两大社会因素：一是佛教的兴盛，需要大批量的佛经、佛画；二是科举制度的推行，刺激更多的人读书。社会对书籍的需求量大增。

隋唐社会，都具备了这两个条件。正如明代学者胡应麟所说："雕本肇自隋时，行于唐世，扩于五代，精于宋人。"这是对印刷术发明、发展的精确概括。

《金刚经》部分

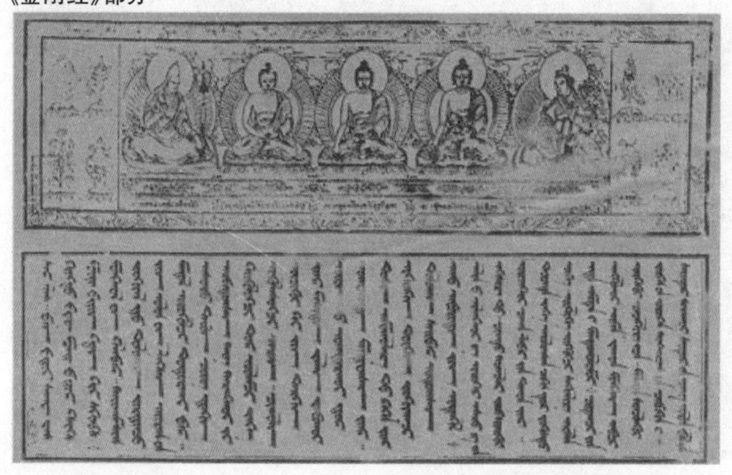

雕版印刷术发明的年代尚未确知，学术界一般将其开始定于七世纪间。早期印刷活动主要在民间进

行，多用于印刷佛像、经咒、发愿文以及历书等。

唐初，玄奘曾用回锋纸印普贤像，施给僧尼信众。1966年在南朝鲜发现雕版陀罗尼经，刻印于704—751年之间。为目前所知最早的雕版印刷品。

九世纪时，雕版印刷的使用已相当普遍。五代时期，不仅民间盛行刻书，政府也大规模刻印儒家书籍。自后唐明宗长兴三年起，到后周广顺三年，前后二十二年刻印了《九经》《五经文字》《九经字样》各二部，一百三十册。

宋代雕版印刷更加发达，技术臻于完善，尤以浙江的杭州、福建的建阳、四川的成都刻印质量为高。

雕版工具

宋太祖开宝四年张徒信在成都雕刊全部《大藏经》，费时二十二年，计一千零七十六部，五千零四十八卷，雕版达十三万块之多，是早期印刷史上最大的一部书。

元、明、清三代从事刻书的不仅有各级官府，还有书院、书坊和私人。所刻书籍，遍及经、史、子、集四部。

彩色套印于北宋初年就在四川流行有“交子”，即用朱墨两色套印的纸币。十四世纪时元代中兴路，今湖北江陵，用朱墨两色刊印的《金刚经注》，是现存最早的套色印本。

到十六世纪末，套色印刷广泛流行。

到了十一世纪中叶，宋仁宗庆历年间，中国有个发明家叫毕昇，终于发明了一种更进步的印刷方法——活字印刷术，把中国的印刷技术大大提高了一步。

毕昇用胶泥做成一个一个四方长柱体，一面刻上单字，再用火烧硬，这就是一个一个的活字。

毕昇像

印书的时候，先预备好一块铁板，铁板上面放上松香和蜡之类的东西，铁板四周围着一个铁框，在铁框内密密地排满活字，满一铁框为一版，再用火在铁板底下烤，使松香和蜡等熔化。

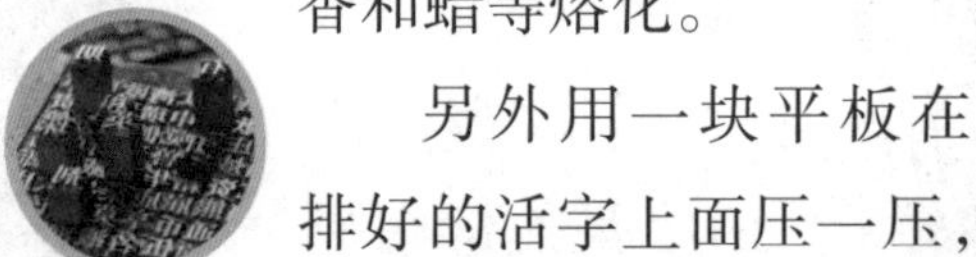

另外用一块平板在排好的活字上面压一压，把字压平，一块活字版就排好了。它同雕版一样，只要在字上涂墨，就可以印刷了。

为了提高效率，他准备了两块铁板，组织两个人同时工作，一块板印刷，另一块板排字，等第一块板印完，第二块板已经准备好了。两块铁板互相交替着用，印得很快。

毕昇把每个单字都刻好几个，常用字刻二十多个，碰到没有预备的冷僻生字，就临时雕刻，用火一烧就成了，非常方便。

印过以后，把铁板再放在火上烧热，使松香和蜡等熔化，把活字拆下来，下一次还能使用。

这就是最早发明的活字印刷术。这种胶泥活字，称为泥活字。毕昇发明的印书方法和今天的比起来，虽然很原始，但是活字印刷术的三个主要步骤——制造活字、排版和印刷，都已经具备。

所以，毕昇在印刷方面的贡献是非常了不起的。北宋时期的著名科学家沈括在他所著的《梦溪笔谈》里，专门记载了毕昇发明的活字印刷术。

毕昇发明活字印刷以后，朝鲜人民又开始用泥活字等方法印书，后来又采用木活字印书。到了十三世纪，他们首先发明用铜活字印书。

中国使用铜活字印书比朝鲜稍晚。朝鲜人民还创造了铅活字、铁活字等。

雕版印刷的传承重任

雕版印刷，是扬州的骄傲。因为它是这个城市的世界级非物质文化遗产，因为这里的双博馆藏着几十万片古老的雕版版片，尤其因为这里还生存着一群能在木头上刻得风生水起的老艺人。

资料记载，扬州的雕版印刷始于唐代，历来是刻印历书风气最盛的地区之一。

82岁的王澄老先生写了一本《扬州刻书考》。作为二十世纪五十年代末扬州广陵刻印社初创时期的主要参与者，他见证了扬州雕版一个辉煌的岁月。在这本书中，他把属于扬州的雕版历史尽可能全面地考证下来。

“广陵刻印社一开始建在高旻寺里。我们最多的时候有60多间房，用来保管版片和开展雕版印刷生产。头一排12间，我在第一间，然后是编辑间，修补版，雕版间，印刷，排书整理，装订，几十道工序，一间间过去，很有气势，最多时工匠有60多人。

来自本地杭集镇的工匠最多，因为当时那里被称为‘扬帮’，个个都是代代相传的好手艺人。

刻印社刚成立，来自南京苏州杭州的老书版就源源不断地运来，最终收集了20多万片的版片，日产万页，年产六七万册，刻印了很多书籍。可是好景不长，‘文革’时大家全部解散，这些版片就地封存，却并没有得到很好保护，大多数被当作废物乱抛乱扔，甚至当柴火烧掉。

幸好后来有个《人民日报》的记者写了个内参，周总理亲自过

扬州雕版印刷博物馆

问，才及时保住了这些宝贝。

不过大多数的时候，这些国宝对刻印社来说是巨大的负担。因为保护这些版子非常费劲。雕版的木头大多为梨木，因为怕潮怕虫，每三四年就要集中熏蒸。据说要先拉到一个大粮仓，把屋子全部封闭起来，里面放药雾，熏蒸一次费用要几十万，这对现在年销售也不过四五百万的刻印社来说实在捉襟见肘。

好在如今扬州新建不久的雕版印刷博物馆，一间两千平方米的房间成了这些宝贝最好的落脚点。

目前扬州广陵古籍刻印社和扬州广陵书社是两个单位。我的想法是把刻印社和书社并在一起。有了书社，刻印社有书号，就有饭吃；有了刻印社，书社才有全国独一无二的雕版特色。要留住雕版的根，关键是要把它当事干，而不是当‘私’干。

陈大师有两个孩子，一男一女，在祖传技艺的传承上，这个家很无奈地打破了传男不传女的行规，因为儿子坚决不学清贫的雕版，一门心思搞起了玉器雕刻。

陈家最后只好委屈了已熟练掌握玉器雕刻技艺的女儿回来改学雕版。如今，儿子丰衣足食，女儿相形见绌。

表演现在成了刻印社的一项长期活动。在扬州的双博馆、瘦西湖以及上海的三民馆，刻印社常年派人在那里演示，每有一些公众活动和商业赞助，雕版表演也是不遗余力。

表演是一种广告，也是一种传承，并且它能给我们带来效益。在德国法兰克福书展上，雕版活字很是出了风头，他们雕刻的都是

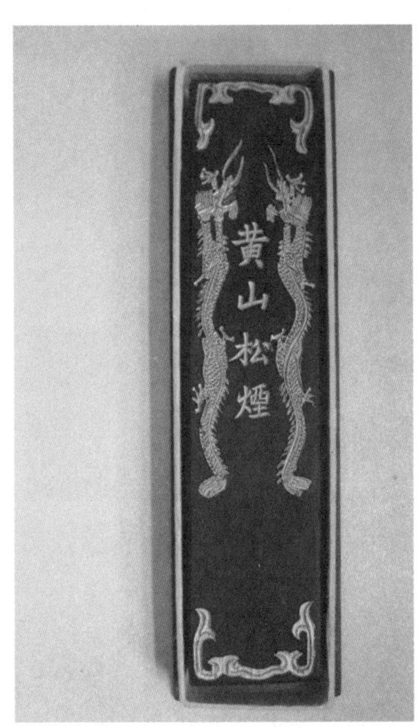

松烟墨

15厘米×15厘米的大活字，只刻了一个字‘书’，是被作为国礼赠送给国际友人的。

那次还雕刻了1 100个木活字，《梦溪笔谈》的一段，就像奥运会上张艺谋展示的那样，配上声光电，现场非常震撼，外国小孩躺在上面拍照片，稀奇得很。

除此之外，他们还印了《金刚经》，是现存最早有确切刻印时间的雕版印刷品，存在大英博物馆。国家有关部门去拍了照片，非常珍贵。

雕版印刷都是用松烟墨。所谓松烟，就是用松木烧，刮取烟囱上沾着的黑灰，然后拿面粉拌成膏状，用酒醋等秘方埋起来发酵，3年后可用，这就是松烟墨。

这种墨墨色如漆，久不变色，愈久弥香，对印版和书又具有防蛀作用，印刷时，墨从印版转印到承载物上，纸不会收缩，墨不会把宣纸印得揪起来。这些松烟，以现在的业务量，几十年甚至上百年都用不掉。”

迷你知识卡

沈 括

北宋科学家、改革家。晚年以平生见闻，在镇江梦溪园撰写了笔记体巨著《梦溪笔谈》。中`国历史上最卓越的科学家之一。精通天文、数学、物理学、化学、地质学，气象学、地理学、农学和医学。

第二章 穿过历史长河的雕版技艺

雕版印刷的工艺

隋末唐初雕版印刷术发明的年代最早的雕版印刷品早已失传，我们只能根据文献的记载来推断。

这些文献主要有：隋人费长房的《历代三宝记》一书记载：“开皇十三年十二月八日，隋皇帝佛弟子姓名敬白，属周代礼常，侮蔑圣迹，塔宇毁废，经像沦亡做民父母，思拯黎元。重视尊容，再崇神化。废像遗经，悉令雕撰。”这里所说的“雕撰”就是刻印佛像佛经。

雕版印刷工艺创意现场

古代雕版印刷遗址

当然，对此也有不同的看法。

明人陆深在《河汾燕闲录》一书中说："隋文帝开皇十三年十二月八日，敕废像遗经，悉令雕撰。此印书之始，又在冯瀛王先矣。"

明胡应麟在《少室山房笔丛》中又明确指出："雕本肇自隋时，行于唐世，扩于五代，精于宋人。"对雕版印刷术的发明、发展表述的更为具体。

冯鹏生的《中国木版水印概说》一书中，提出了隋大业三年的一件印刷品，确认为隋代的一件雕版印刷品，其图中彩色为手工敷彩。

综上所述，可将雕版印刷术发明的年代定为隋末唐初。即公元590—640年。

将文字、图像反刻于木版上。再在印版上刷墨，铺上纸张，然后在纸张上给以适当的压力，使印版上的图文转印到纸张上，揭起纸张后，就完成了一次印刷，这就是雕版印刷的基本原理。

雕版印刷工具工序：在抄写样稿的薄纸上画好直格，每一直格内用虚线画上一条中线，请善书之人用柳、颜、欧等书体在薄纸上抄写出样稿，抄写好后，认真地校对一遍。错讹之处用刀裁下来，另贴一片白纸，重新正确抄写。

上版也称上样。通常的做法是：在表面打磨光滑的木板上刷一层稀浆糊，将样稿有字的一面向下，用平口的棕毛刷把样稿横平竖直地刷贴到木板上。

刻版前先用指尖蘸水少许，在样稿背后轻搓，把纸背的纤维搓掉，使写在样稿上的字清晰得如同直接写在木板上一样，便可以镌刻了。

雕版工具

曲凿，外形与木工使用的圆凿相似，但刃口差别较大。打空时，左手握住曲凿，使凿口对准要剔除的部分，右手用木槌，在曲凿的后部敲击，使凿口向前移动，剔除无需保留的部分。

大曲凿用于凿除大面积的空白部分，小曲凿用于修理精细的部位，还可以用来雕刻圆形的圈点。打空时应小心谨慎，不可用力过猛，更不能急于求成，若损坏已经刊刻好的字或线条，则前功尽弃。

用刻刀将版面中分行的直线与四周的边线刻出来即为拉线。为了保证线条平直，通常是用左手压住界尺，右手持刻刀依着界尺进行刊刻。

对已经刊刻并打空的雕版，先用蓝色刷印数张校样，若校对出谬误，则需将谬错之处用平凿凿去，并向下凿成凹槽，用一块与凿除部分相同大小的木板嵌入凹槽中，然后在嵌入的木板上刊刻出修正后的内容。

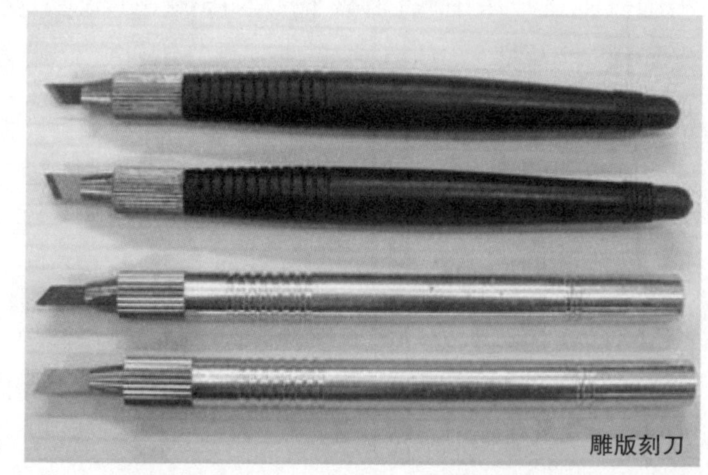

雕版刻刀

刻版是用锋利的刻刀把版面空白部分向下刻出一定的深度并剔除，使版面上有墨迹的字或线条向上凸起成为浮雕,使之成为现代所称的凸版。

刻版工具多达20~30种,各有不同的功用,最常用的是拳刀。拳刀又称剞、曲刀、雀刀、挑刀,是刊刻雕版最重要的工具。

拳刀也许是因其握法而得名,曲刀、雀刀则可能是刀刃弯曲颇似鸟喙而得名。其主要功用是刻除木板上无需印刷的部分,使需要印刷的字或线条呈浮雕状凸起。

右手握住拳刀,刀柄向外侧倾斜40度,向下向内用力。左手用大拇指第一关节拢住刀头,控制运刀的速度、方向并防止滑刀。第一刀一般沿着需刻墨线的外周2~3毫米,向下并自外向内地用力在木板上拉出一条深2~3毫米的刻痕,即所谓的发刀。

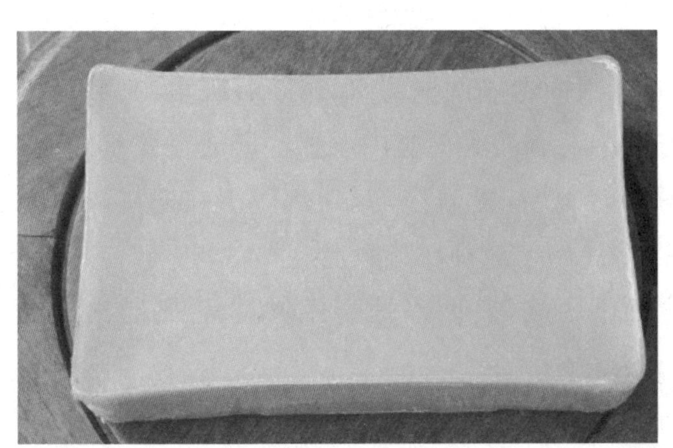

蜂蜡

然后将木板平转180度,用刀锋紧贴着墨线以大约40度的倾角再拉出一条刻痕,与发刀刻痕的底部相交,在截面上呈V字形,用拳刀将V字形凹槽中的木屑挑出。

再将木板平转180度,在同一条墨线的另一侧;发刀后,将木板再平转180度,用刀刃紧贴墨线拉出另一条刻痕剔去V字形凹槽中的木屑。

至此,一根阳刻墨线就凸现了。在实际刊刻中,为了提高效率,往往将整块雕版中整体或部分的字全部发刀后再紧贴墨线下刀将所有的字刻出来。

刻版是雕版印刷的关键工艺之一。为保证印刷质量,刊刻时握刀要稳,下刀要准,务必使一笔一画依照墨线完成。

单色雕版印刷的印版通常不需固定在印刷台上,有时为了防止雕版移动影响印刷操作,可用钉子沿雕版的四周钉在印刷台上,也

二十四孝雕版

可用蜂蜡、松香等制成的粘版胶粘在印刷台上。

单色雕版印刷可用普通的方桌代替特制的印刷台，只要方桌坚实，在印刷中不致摇晃，就不会影响操作，也不会降低印刷品的质量。

正式刷墨之前，先在版面上刷两遍清水，待雕版吸水湿润后，再刷墨印刷。刷墨时先用小毛刷从大墨盆中蘸少许墨放在瓷盘内，再用棕把在瓷盘中打圈旋转，使棕把着墨均匀，然后用棕把在雕版上按顺时针方向打圈，把墨汁均匀地刷在雕版上。

刷墨的要求是全版墨色均匀，凹陷处不存积墨，否则印出的纸张将浓淡不匀、洇漶不清。

单色雕版印刷的纸张一般不需固定，覆纸时用两手将纸端起平放在刷过印墨的版面上即可。

纸张通常使用纸面光滑、纸质均匀、吸墨适量的竹制太史连与毛边纸，藤纸、皮纸、宣纸多用于印刷精美的作品。有些不合要求的纸，经抛光石加蜡研磨等处理后也可用于印刷。

正式刷印前，还需再印数张清样，经再次校对，确认无误后方可大量印刷。如有谬误，则更正后再行印刷。印刷时左手扶住纸张不使移动，右手持耙子在纸背刷印。刷印时用力要均匀，以保证雕版上每个字都能完整清晰地转印到纸上。

擦印之后，将印纸从雕版上揭起，放在一旁晾干。一块雕版印完之后，换上另一块雕版继续重复上面的操作过程，直至全部雕版印刷完毕。

早期的雕版印刷品

1900年，敦煌藏经洞被发现，内藏大量唐五代的文献。除有大量的写本外，也有不少印刷品，从而使人们能看到当时印刷品的风貌。

藏经洞被发现后，先后有英国人、法国人、日本人、俄国人来到这里，盗走了大量珍贵文献，其中印刷品几乎全部被外国人盗走，国人无不痛心。

1907年，英国人斯坦因率考察队来到敦煌，盗走了大量文献，其中就有著名的印刷品《金刚般若波罗蜜经》。原件现藏伦敦大英图书馆，这是印刷史上十分珍贵的一件印刷品。

它为卷轴装，前有刻工精美的插图，后有刻印年代和施印者姓名。文字雕刻娴熟精美，印刷墨色均匀而厚重。一般认为它是印刷术发展到很高水平的产品。

从落款可知，其刻印年代为唐咸通九年，为王玠出资施印。该经全长5.25米，由7张印纸连接而成卷装，每张纸高26.67厘米，宽75

博物馆收藏的印刷品

雕版印刷展品一隅

厘米。

藏经洞发现的唐代印刷品中,还有乾符四年历书和中和二年的历书,以及字书《大唐刊谬补缺切韵》。

藏经洞的印刷品约有几十件,反映了唐代中后期的印刷已经发展到很高水平,不但刻印精良,而且品种齐全。

近几十年来,唐代的印刷品又有不断的出土问世。这就使唐代的印刷品已包括了初唐、中唐、晚唐各个时期。

1974 年西安西郊的一座唐墓中,出土一件印刷品《梵文陀罗尼经咒》,呈方形,印于麻纸,高 27 厘米,宽 26 厘米,中有空白方框,方框四周印以咒文,做环形阅读;外四周印以莲花、星座等图形,考古学者将此印本定为世纪之初印刷品。

1906 年,在新疆吐鲁番出土一件唐代印刷品《妙法莲华经》中的《分别功德品第十七》和《无量寿佛品第十六》。这件印刷品几经转手后落入日本人中村不折之手。现藏于东京书道博物馆。日本印刷史学家长泽规矩也研究后认为此印本有武周制字,而定为武周印本。潘吉星认为,属武周初期至中期的印刷品。

1966 年韩国庆州一佛塔发现一件印刷品《无垢净光大陀罗尼经》,为卷装,总长 640 厘米,共 12 张印纸,纸高 6.5 厘米,版框上下单边,每行 7 ~ 9 字,刻以唐人写经楷体。

印品中出现有四个武则天创造的制字。经国内外学者认定，为唐代武周后期之物，约于702年刻印于东都洛阳。

1944年在成都市东门外望江楼附近一座唐墓中出土一件印刷品《大隋求陀罗尼经》，略呈方形，上刻印“成都县龙池坊卞家印卖咒本”等字。

专家将此印本定为晚唐二世纪之物。从上述文献记载和出土实物证明，从唐初到唐末，各期印刷品齐全，证明从唐初7世纪初开始就有印刷活动。到唐中期，印刷已遍及陕西、四川、淮南、洛阳等地，刻印技艺已十分高超。

广陵书社与雕版印刷

广陵书社原名江苏广陵古籍刻印社，成立于二十世纪六十年代初，当时主要从事古籍版片的收集、整理、修补和印刷工作。

在国家和省市有关部门的支持下，经过数十年的努力经营，社里集中了近三十万片明清以来的珍贵古籍版片，并保存了全套雕版印刷装订工艺。

扬州雕版印刷品

2002年底，广陵书社出版社正式成立。主要任务即是利用古代雕版工艺，出版雕版古籍，出版中国传统的线装图书。

作为一家富有特色的专业出版社，长期以来，广陵书社一直坚持以保护传统工艺、繁荣古籍出版、传播学术文化、整理地方文献、弘扬民族文化为宗旨；以大中型古籍整理图书、扬州地方文化图书、雕版活字图书、线装礼品图书为出版特色，尤其是线装书的印制、出版，在国内外久享盛誉。

目前扬州的雕版技艺传承和线装出版加工在全国占有举足轻重的地位。

广陵书社推出的雕版印刷系列图书，由于内容经典，装帧雅致，富有独特的艺术魅力和增值潜力，被作为中国国粹之一，越来越受到国内外喜爱东方文化的读者们的欢迎，并被有关部门作为国礼赠送给外国政要。雕版线装书在推进中国文化“走出去”方面大有可为。

五代印刷动乱年代的奇迹

五代十国只有53年，朝代更迭频繁，各地割据，是一个动乱的年代。但在印刷方面，并未受很大的影响，而是在唐代的基础上，持续发展，证明了胡应麟关于雕本“扩于五代”的论断。

宋太宗像

五代印刷中，最为著名的是冯道主持刻印儒家的《九经》。它是印刷史上划时代的创举，也是历史上由政府主管的第一次大规模儒家经典的刻印。

这次刻印工程是在国子监进行，也称监本《九经》。它开创了国子监印书的历史。这对以后历代国子监印书有很大的影响。

五代时，另一项印刷工程是驻守于甘肃西部一带的军事首领曹元忠主持的刻印佛像、佛经。

曹元忠所印的佛经、佛像早已失传。1900年敦煌藏经洞被发现后，这些印刷品才大白于天下。

1908年法国人伯希和从藏经洞盗走文物五千件，其中就有曹元忠主持刻印的《观音菩萨像》5件，《大圣毗沙门天王像》11件，《文殊师利菩萨像》11件，《阿弥陀菩萨像》5件，《地藏菩萨像》等。

在1907年斯坦因的盗品中，也有同样的印品。这些佛像印品，多为上图下文的单页。大都有刻印者、刻印年代，有的还有刻工姓名。

《宝箧印陀罗尼经》拓片

例如在《观世音菩萨像》下部就刻有“弟子归义军节度、瓜沙州观察；曹元忠雕此印版。奉为城隍安泰、阖郡康宁；东西之游路开通；时大晋开运四年丁未岁七月十五月记。匠人雷延美”。

曹元忠刻印的《金刚经》为折装，也有刻工雷延美的姓名。其刻印年代为天福十五年。雷延美是我们现知最早的刻版工匠。曹元忠组织刻印的一批佛像、佛经有两件刻有他的姓名。其他的五代敦煌印刷品大概也是由他和他的弟子所刻印，刻印都达到很高水平。

五代时，由私人出资进行印刷活动的以蜀相毋昭裔最为著名，也可称为历史上第一个私家刻印书籍者。

据《宋史》记载，毋昭裔印的书有《文选》《初学记》和《白氏六帖》等。这些书都是他自己出资刻印的。

五代时，以杭州为中心的吴越，经济文化十分繁荣。以吴越国

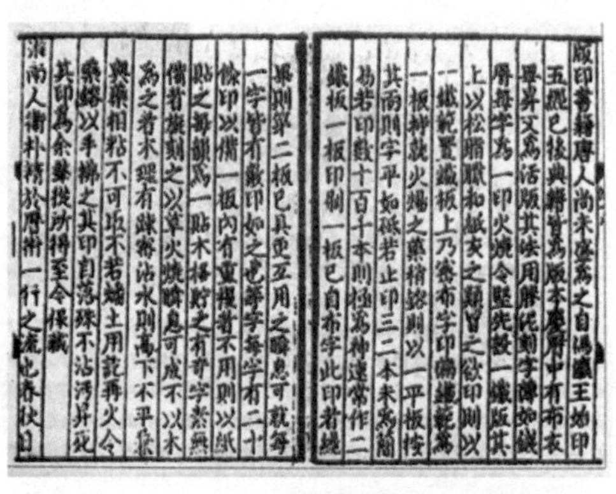

版印書籍唐人尚未盛為之自馮瀛王始印
五經已後典籍皆為版本慶曆中有布衣
畢昇又為活版其法用膠泥刻字薄如錢
脣每字為一印火燒令堅先設一鐵版其
上以松脂臘和紙灰之類冒之欲印則以
一鐵範置鐵板上乃密布字印滿鐵範為
一板持就火煬之藥稍鎔則以一平板按
其面則字平如砥若止印三二本未為簡
易若印數十百千本則極為神速常作二
鐵板一板印刷一板已自布字此印者纔
畢則第二板已具更互用之瞬息可就每
一字皆有數印如之也等字每字有二十
餘印以備一板內有重複者不用則以紙
貼之每韻為一貼木格貯之有奇字素無
備者旋刻之以草火燒瞬息可成不以木
為之者木理有疏密沾水則高下不平兼
與藥相粘不可取不若燔土用訖再火令
藥鎔以手拂之其印自落殊不沾汙昇死
其印為余群從所得至今保藏
淮南人衛朴精於曆術一行之流也春秋日

《佛说观无量寿佛经》残页

王（929～988年）为首的统治者，虔诚信奉佛教，刻印了较多的佛经。

1917年浙江湖州天宁寺塔发现一件佛经印刷品《宝箧印经》，高7.5厘米，长60厘米，每行8～9字，卷首有图像，图像前印有："天下都元帅吴越国王印《宝箧印经》八万四千卷，在宝塔内供养。显德三年丙辰岁记。"等文字，可知为公元956年所印。

1924年杭州雷峰塔倒塌，在塔砖孔中发了另一件吴越国印佛经《宝箧印陀罗尼经》，框高5.7厘米，长205.8厘米，每行10～11字，图前印有"天下兵马大元帅，吴越国王造此经八万四千卷，舍入西关砖塔，永充供养，乙亥八月日记"，乙亥年为975年，已为宋开宝八年，但宋的统治还未达及吴越。

鲁迅的《论雷峰塔倒掉》一文，记述了这件事。当时人们为了寻找印经，几乎将塔砖全砸碎了。

1971年于浙江绍兴涂金舍利塔中发现另一件吴越国印的《宝箧印陀罗尼经》，当时置于10厘米长的竹筒内，其刻印年代为"乙丑"年，即965年。

除了发现的上述几件印刷品外，据记载，当时杭州的灵隐寺高僧延寿也印过十多种佛经和佛像，总数达40万份。

首府设于江宁的南唐，据史载也印了很多书，著名的有刘知几的《史通》和徐陵所编的《玉台新咏》。

宋、辽、西夏、金印刷的成熟时期

继五代之后，从公元960年至1279年，为宋、辽、金时期。除了

宋以外，在北方先后有契丹建立的辽国和女真族建立的金国，在西北有党项族建立的西夏国。

在这一时期，印刷业有了突飞猛进的发展。雕版印刷技术更趋成熟，印书量大增，印书品种包括儒家、道家、佛教以及诸子百家，经史子集等各个门类。在印刷史上称这一时期为印刷的成熟鼎盛期。

宋代翻开了印刷史上辉煌一页。印刷术经过唐、五代几百年的发展，技术已日逐成熟。进入宋代后，由于政府的重视和提倡，印刷业大兴，揭开了印刷史上最辉煌的一页。

宋版书流传至今者已为数不多。历代藏书家都以拥有宋版书为荣。素有“一页宋版书，一两黄金”之称。

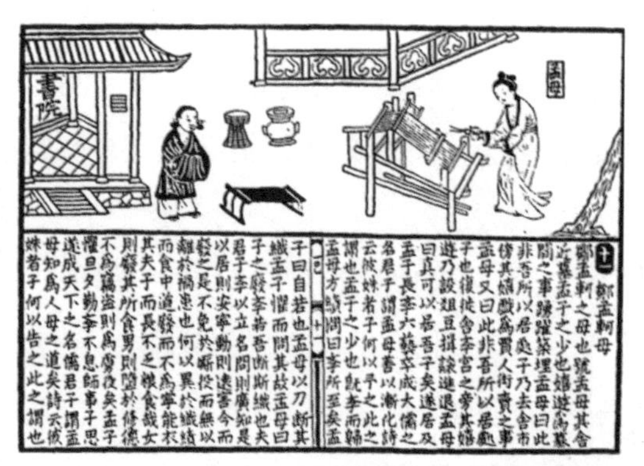

宋代曾采用讨蜡版刻印法

因为宋版书不仅年代久远，而且校勘精细，刻印精良，纸墨上乘。这都表现了当时高超的印刷技艺。

宋代以文治国，几代帝王都十分重视文化的建设。宋代建国不久，就组织编写了《太平广记》《太平御览》和《文苑英华》三部大型丛书，共计2 500卷。

随后又编写了《册府元龟》《资治通鉴》等大型史书，并在国子监刻印了《说文解字》《十三经》《十七史》等大型丛书。

宋代民间印刷业的兴盛，开创了书籍作为商品广泛流通的局面。在印刷史和版本学上分别将私人刻本称为家刻本、家塾本、坊刻本、书棚本等。家刻本多为文人及大户人家刻印自己或祖上所著书籍，也刻印自己认为珍贵的书。

这类刻本多为赠送或低价出售，不以营利为主。例如，诗人陆游之子多次刻印其父的诗集，以赠亲友。在民间印刷业中，最有代表性的是书坊刻书。

宋代的书坊类似于现代的出版社，它集编书、印书、卖书为一体。它的特点是以营利为目的,由于有着市场的竞争,也很重视质量。

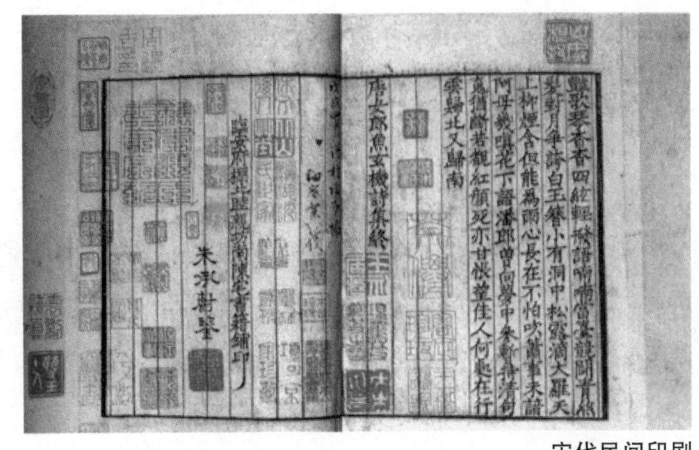

宋代民间印刷

宋代民间书坊印刷最为著名的有河南开封、福建建阳、浙江杭州、四川眉山以及江西等地。在唐、五代时期,佛教印刷品所占的比例很大。到了宋代,则以“经、史、子、集”四大类书为主体。印量及品种都大大超过佛经。但与前代相比,佛经的印量、规模等都达到历史最高水平。据史载,仅佛经总集《大藏经》就有六次刻印。

1974年,山西应县木塔维修时,在塔的四层主佛像胸中发现一大批珍贵的辽代印刷品。共计61件。其中有《辽藏》也称契丹藏12卷,各种单本经卷47件,启蒙读物《蒙求》一册,还有单幅佛像12件。

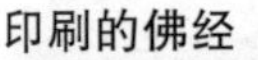

印刷的佛经

从这些过去失传的辽代印刷品中,基本上可以反映出辽代的印刷业发展的水平。应县木塔发现的辽代印刷品,几乎件件都刻印精良,说明当时的文字和图像雕刻已达到很高水平,和北宋的印刷品相比,水平不相上下。

在一些佛教经卷中,配有

十分精美的插图，刻工精细，人物生动，为当时印刷品的上乘。在应县木塔的辽代印刷品中，有三件佛像，其工艺是先用黑色印刷图像轮廓，再用手工描染色彩，称为“印刷敷彩”，是印刷史上很有特色的印刷工艺。

一直到清代初期的年画，有的也使用这种敷彩工艺。还有两件印在纺织品上的佛像，是用套色漏印而成。

据《宋史》记载，西夏建国初期，多次用马匹向北宋购买书籍。在此基础上，自己的印刷业也发展起来了。

但西夏的印刷品过去流传下来的十分稀少，很难了解西夏的印刷概况。

1909年，俄国人科兹洛夫率领的考察队从西夏遗址黑水城的一古塔内，发现了大批的书籍文献，并将其运回俄罗斯，现藏于圣彼得堡的东方学研究所内。

这就是有名的黑水城文献，也是自敦煌文献大量流失国外后，又一次文物的大量流失。

在敦煌文献中，印刷品所占比例很小，而黑水城文献中，印刷品的数量超过写本，大约有200多种。这反映了这一时期印刷术的发展。

它填补了公元十一世纪到十三世纪中国西北地区印刷品的空白，反映了西夏时期印刷业及印刷技术的基本情况，证明西夏民族积极学习中原文化，建立了自己的印刷业，大量印刷各种书籍。

金代的纸币印刷

金在攻占开封后，将北宋国子监印版运到北京，用这些印版在北京印刷了经史类书20多种。金政府也印行纸币。

金代民间印刷主要集中在山西平阳一带。当时私人书坊很多。最著名的书坊有张存惠晦明轩，中和轩王宅，平水刘敬仲以及平阳姬家等。这里刻印了很多医药类书，十分珍贵。例如张存惠晦明轩刻印的《重修政和证类本草》，为历代藏书家视为精品。平阳姬家刻印的《四美图》，人物生动，线条流畅，被认为是现存最早的家庭装饰挂图。

金代印刷工程最大的是金天眷年间至大定十三年刻印于山西绛州天宁寺的《金藏》。

探源中国最早的雕版印刷史

雕版印刷作为一种具有突出价值且民族特征鲜明、传统技艺高度集中的人类非物质文化遗产，凝聚着中国造纸术、制墨术、雕刻术、摹拓术等几种优秀的传统工艺。它为后来的活字印刷术开了技术上的先河，是世界现代印刷术的最古老的技术源头，对人类文明发展有着突出的贡献；为文化传播和文明交流提供了最便捷的条件。

这些文化遗产以独特的方式潜移默化地影响着中国各族人民的思想观念，以强大的民族凝聚力和激扬向上的活力维系着中华民族五千年文明历史绵延不断。

古代雕版

这是中国文化的灵魂所在，是民族精神的根源，是中国在世界上引以为荣的宝贵财富。

排好的雕版

它们是中国人还沉迷在雕版技法如何翻新的时候，西方工业化的进程已经让印刷开始了机械化。在晚清和民国时期，这些大型印刷机械的出现，让传统的雕版印刷手艺遭遇了严重的威胁。

然而，雕版印刷并没有衰落与消失。在扬州，有一个人用毕生精力搜集版片，保住了雕版印刷的血脉。

这个人，他的名字叫做陈恒和。

陈恒和1883年生于扬州杭集镇。杭集有刻书的传统，许多人家世代以雕版印刷为业。在这种乡风的熏陶之下，陈恒和也走上了业书谋生的道路。

陈恒和先是学会了修补古书的技术，同时做一些季节性的皇历生意。1923年，陈恒和创设了一家书店。书店以自己的姓名为号，称“陈恒和书林”。

扬州的刻书事业十分发达，在扬州的杭集镇，有大批被称为杭集扬帮的刻字工人。但是，历来的刻书都注重经典著述，对于乡帮典籍却少有编著。在扬州，有大量记录了扬州风土人情和典章制度的文献，如果不及时加以整理，就会彻底失传。

当陈恒和意识到这一点时，他决心将关于扬州的所有文献编著成一部丛书。

陈恒和在自述里这样写道：“不及时裒而聚之，刻而布之，则一瞬间将与尘埃飘风而俱逝。余幸业于此，力之所能即责之所在也，曷敢不勉！”陈恒和虽是一名书商，却有着强烈的文化责任感。

陈恒和将这部丛书命名为《扬州丛刻》。1929年，他开始了编选工作。陈恒和编写了24个书目，根据这24个书目来选择文献。这些文献或写扬州名胜古迹，或录扬州风物民情，或述扬州历史地理，

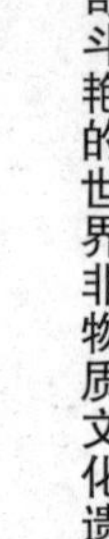

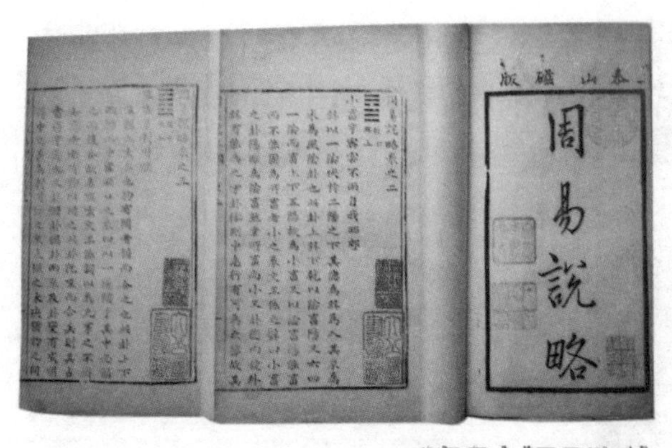

磁版印本《周易说略》

或记扬州词章诗赋，或论扬州河防水利，集中了地方文献的精华。

为了支付《扬州丛刻》巨额的雕版费用，陈恒和将书店营业的全部积蓄都投了进去。然而，在1934年，他的资金周转出现了问题，如果筹不到钱，这部书的雕印工作就无法继续下去了。

陈恒和与妻子商议筹钱的方法，他没有想到，妻子竟然取下了全部首饰，嘱咐他将刻书的工作继续下去。陈恒和将首饰变卖，雕版的资金终于能够恢复运作了，就在这一年，《扬州丛刻》终于得以完成。

《扬州丛刻》是近代史上扬州地方文献的第一次大规模绘刻。《丛刻》中的一些著作，原来是稿本，后来已经散佚。因为被《丛刻》收录，它们才得以流传至今。

近代以来，面对西方现代印刷术的传入，雕版印刷术因手工技术繁杂，成书速度慢，成本高，色彩单一而逐步退出历史舞台。抢救和保护这一绝技刻不容缓。

虽然面临诸多的难题，但是面对雕版印刷术这样珍贵的文化遗产，扬州市在保护措施上还是付出了很大的努力。如每年投入资金对古代版片进行熏蒸治虫，建造扬州中国雕版印刷博物馆等。而在未来的五年内，将建立由政府牵头，各有

排版中

关部门、责任单位参加的保护机构，争取社会的广泛关注，努力使雕版印刷术能够完整地传承下来。申报国家非物质文化遗产代表作，也是以便更好地进行保护。

今天保存在扬州的雕版印刷工艺具有文化地位崇高、历史悠久、工艺独特、影响深远、濒临衰亡亟须抢救等诸多特点。作为一种传统文化形态和技艺，它深深扎根于扬州地方的传统和文化之中。它能够体现中国的文化创造性、文化特质和文化价值，对华夏民族起着凝聚作用，对世界其他民族的文明也起了促进作用，具有不可替代的作用。

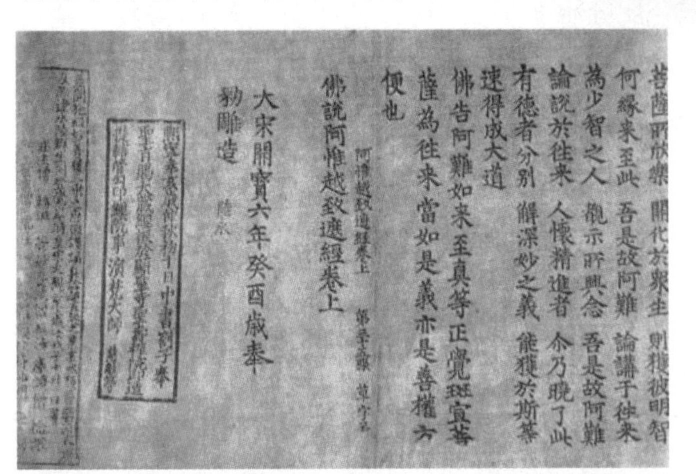
菩薩所欣樂 開化於衆生 則獲彼明智
何緣来至此 吾是故阿難 論講于往来
為少智之人 觀示所興念 吾是故阿難
論說於往来 人懷精進者 介乃曉了此
有德者分別 解深妙之義 能獲於斯等
速得成大道
佛告阿難如来至真等正覺班宣菩
薩為往来當如是義亦是善權方
便也
佛說阿惟越致遮經卷上
大宋開寶六年癸酉歲奉
勅雕造

印刷的佛经

在印刷史上有“活化石”之称的雕版印刷作为最早在中国出现的印刷形式，大约2 000年以前就已经出现了。扬州是中国雕版印刷术的发源地，是中国国内唯一保存全套古老雕版印刷工艺的城市，国家非常重视非物质文化遗产的保护。

2006年5月20日，雕版印刷技艺经国务院批准列入“第一批国家级非物质文化遗产名录”。2007年6月5日，经国家文化部确定，江苏省扬州市的陈义时为该文化遗产项目代表性传承人，并被列入第一批国家级非物质文化遗产项目226名代表性传承人名单。

2009年9月30日，联合国教科文组织保护非物质文化遗产政府间委员会第四次会议在阿联酋首都阿布扎比作出决议，由扬州广陵古籍刻印社、南京金陵刻经处、四川德格印经院代表中国申报的雕版印刷技艺正式入选《世界人类非物质文化遗产代表作名录》。

我们期待中国雕版印刷术在地方政府和全人类的共同保护下，能在历史的长河中永放光芒。

印章、拓印、印染与雕版印刷

印章在先秦时就有，一般只有几个字，表示姓名，官职或机构。印文均刻成反体，有阴文、阳文之别。

在纸没有出现之前，公文或书信都写在简牍上，写好之后，用绳扎好，在结扎处放粘性泥封结，将印章盖在泥上，称为泥封。泥封就是在泥上印刷，这是当时保密的一种手段。

纸张出现之后，泥封演变为纸封，在几张公文纸的接缝处或公文纸袋的封口处盖印。据记载在北齐时有人把用于公文纸盖印的印章做得很大，很像一块小小的雕刻版了。

晋代著名炼丹家葛洪在他著的《抱朴子》中提到道家那时已用了四寸见方120个字的大木印了。这已经是一块小型的雕版了。

雕刻好的字版

佛教徒为了使佛经更加生动，常把佛像印在佛经的卷首，这种手工木印比手绘省事得多。

碑石拓印技术对雕版印刷技术的发明很有启发作用。刻石的发明，历史很早。

初唐在今陕西凤翔发现了十个石鼓，它是公元前八世纪春秋时秦国的石刻。秦始皇出巡，在重要的地方刻石7次。东汉以后，石碑盛行。

汉灵帝四年蔡邕建议朝廷在太学门前树立《诗经》《尚书》《周易》《礼记》《春秋》《公羊传》《论语》等七部儒家经典的石碑，共20.9万字，分刻于46块石碑上，每碑高175厘米、宽90厘米、厚20厘米，容字5 000，碑的正反面皆刻字。历时8年，全部刻成。成为当时读书人的经典,很多人争相抄写。

后来特别是魏晋六朝时,有人趁看管不严或无人看管时,用纸将经文拓印下来,自用或出售,结果使其广为流传。

古人发现在石碑上盖一张微微湿润的纸,用软槌轻打,使纸陷入碑面文字凹下处,待纸干后再用布包上棉花,蘸上墨汁,在纸上轻轻拍打,纸面上就会留下黑地白字跟石碑一模一样的字迹。这样的方法比手抄简便、可靠。于是拓印就出现了。

拓片是印刷技术产生的重要条件之一。

印染技术对雕版印刷也有很大的启示作用。印染是在木板上刻出花纹图案,用染料印在布上。中国的印花板有凸纹板和镂空板两种。

1972年湖南长沙马王堆一号汉墓出土的两件印花纱就是用凸纹板印的。这种技术可能早于秦汉,而上溯至战国。

纸发明后,这种技术就可能用于印刷方面。只要把布改成纸,把染料改成墨,印出来的东西,就成为雕版印刷品了。在敦煌石室中就有唐代凸板和镂空板纸印的佛像。

迷你知识卡

拓　片

中国一项古老的传统技艺,是使用宣纸和墨汁,将碑文、器皿上的文字或图案,清晰地拷贝出来的一种技能。

第三章 雕版印刷悠久的历史和成熟的工艺

时光深处的四堡雕版印刷

迄今一百三十六年的古雕版线装《神农本草经》,在连城县四堡乡被文物收藏爱好者邹善衡发现。

该书是中国现存最早的药物学专著,但完整的古雕版世间少有。原属古汀州所辖的四堡,在明清时期,与当时的北京、武汉和浒湾一起,被誉为“中国明清时期的四大雕版印刷基地”,名噪一时。

这本《神农本草经》,书高23.5厘米、宽15.5厘米。该书系光绪元年出版,全书分为三卷,共收录各类药物365种,书中根据药物性能的异同分为上、中、下三品。

四堡印刷古版

版籍专家鉴定后认为,在卷帙浩繁的中国古代医药学文献中,《神农本草经》是中国现存较早的药物学专著,是由秦汉时期众多医学家总结、搜集、整理的专著。

《神农本草经》是明清时期在四堡印刷出版后流传于世。书右下角有一藏书者“吴恒钦”字样的姓名红印,后由他曾行医的上祖协济堂邹师曾收藏,今年在整理先祖遗物时被发现。

《神农本草经》书页虽然年久,翻阅起来有些生硬,但三卷保存完好,字迹依然清晰。

《神农本草经》的发现,是四堡辉煌一时的见证之一。

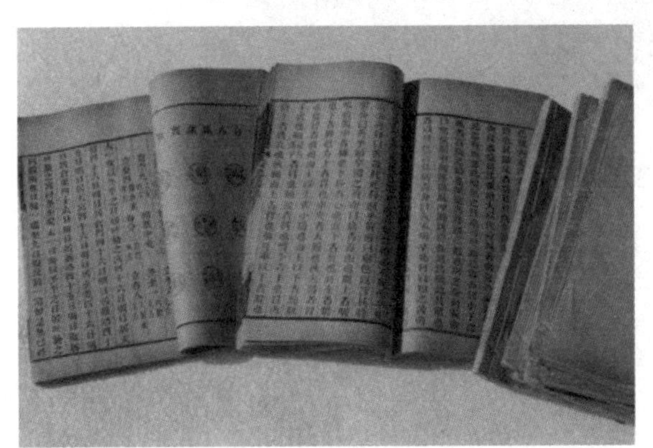

古雕版线装《神农本草经》

据《连城风物志》载:“清初,四堡从事印书业的男女老少不下一千二百人,约占总人口数的60%。”世代相传的大书坊至少有100家,而充作书坊的房屋不下300间。

四堡雕版印刷“萌芽于宋,发展于明,鼎盛于清”,最盛时出版物“行销全国,垄断江南,远播海外”。

当时的四堡地处山区,雕版用木和印书用纸及油墨原料就地取材,用之不竭。丰富的物产,大大降低了印刷成本,使四堡的印刷品在价格上完全可以与京、汉等地的雕版印刷业竞争。

此外,由于山高皇帝远,四堡书坊经常出版一些“禁书”,很是抢手。据统计,四堡雕版印刷的书籍有四书五经、启蒙读物、星相佛经、农学医药、小说诗词等9类667种。

在四堡乡现存的古雕版书籍,封面处都印有“本斋藏版,翻刻必究”。这是版权所有的一种象征,在明末清初,四堡人已经有了版权保护意识。

随着四堡印刷出版业的繁荣,集市上当时也出现鱼龙混杂的各种出版物,“盗版”书籍也不少,打击了一些大书坊的市场。

为了保护自己的权益,每年大年初一,四堡各书坊早早就把上

四堡雕版印刷基地

年已经刻好的版本和将要刻的书目挂在大堂前面张榜公布。

此外,明清时期的四堡人每逢过年,都要进行版权公示的活动,保护版权的形式,在四堡当地被称作"岁一刷新"。

如今在四堡乡,当年星罗密布的书坊迄今尚存数十处。书坊结构为木质结构的瓦房,虽然经过200多年风吹雨打,但门楼矗立、飞檐翘角、雕梁画栋。

四堡书坊是典型的"三合一",融起居生活、印刷作坊、仓库为一体,多为四合院形式。中轴线上有前、中、后三厅,前有池塘、晒谷坪、门楼,两侧各有一至三排横屋,四周有围屋或围墙。这样的建筑格局既便于聚族而居,又适做家庭手工作业。

走在幽幽古巷中,仿佛都能听到四堡先祖"咔嚓咔嚓"雕版的声音。

如今,为了保护这个现存唯一的古雕印刷基地,2001年6月国务院将四堡古书坊建筑纳入全国第五批重点文物保护单位名单中,雕版印刷工艺也被列入"非物质文化遗产名录"。

雕版印刷明代建本特点

在明代，刻书机构众多，官刻、私刻数量均远超前代。明代从宫廷内府、经厂到州县、官司刻风气盛行。

建阳几乎每一任知县，均喜刻书。还有一些知县如李东光、冯继科、周士显、邹可张等人均喜与书林人物结交，其中虽不无附庸风雅之辈，但对刻书业而言，多少是一个促进。

刻本内容广泛，经、史、子、集、丛五部俱备，其中类书、小说、戏曲以及日用通俗书籍刻印数量远远超过前代，形成明代建本引人注目的特点之一。

许多书坊，聘请文人编校书籍之外，书坊老板也自己动手编写，编写类书则往往假托名人之名，以借此招揽读者。

明前期沿袭元代遗风，字体仍为赵孟体，版心仍为大黑口。中期版式风格、字体出现仿宋，字体方正，白口，左右双边。万历以后，字体由方变长，字画横轻竖重。

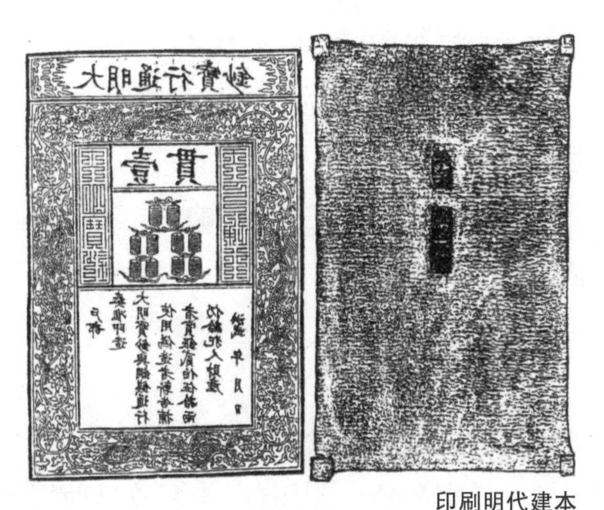

印刷明代建本

插图本大量出现，小说、戏曲、日用书籍多带插图，版式多上图下文，甚至出现了三节板。

校勘欠精，粗制滥造，随意篡改古书，有意做伪，弄虚作假的现象也时有发生。

元代建本特点

元代的内容上，除正经正史、文人别集之外，供市民阶层阅读的医书、类书较宋代更多；还出现了小说、戏曲刻本，如《全相平话》

《宣示表》宋代刻本

五种、《三分事略》《朝野新声太平乐府》《乐府新编阳春白雪》等。

考亭学派人物除朱熹及其门人的著述外，其再传、续传弟子如熊禾、胡庭芳、倪士毅等人的著述也大量印行。

元代刻书多仿赵孟字体，字体圆活，秀媚柔软，这也是元代建本书体的主要特点。此外，建阳一些善于创新的书坊，间或也有行书上版，如后至元六年刘氏日新堂刻印虞集《伯生诗续编》，元末建阳刻印《朝野新声太平乐府》等，写刻精雅，别具一格。间或也有草书上版。

坊间雕刻多用简体字或俗字。这种现象，尤以类书、小说等刻本为常见。

《至元新刊全相三分事略》甚至出现了假借同音字的现象。如诸葛作朱葛，益州作一州等。大抵以笔画简单的字代替笔画复杂的字，以图省工省事。

版式早期沿习宋本，字大行疏，多左右双边。中期行格趋密，多四周双边。版心多大黑口，双鱼尾。

刘氏翠岩精舍刻印《广韵》，较早使用了封面，题作“新刊足注明本广韵”；虞氏《全相平话五种》则在封面上加上插图。这在出版史上是一个创新。

宋代建本特点

到了宋代，官刻、家刻、坊刻三大系统已经形成。就刻书规模和数量而言，占主体的是坊刻，私家刻书也占据了很大比例。元明两代，家刻渐微，坊刻则超过宋代。宋代的官刻、家刻和坊刻有极为密切的联系，有时甚至直接交付书坊刻印。

刻本内容以正经正史为主，医籍、文人别集也占了一定比例。子部儒家类中，以朱熹学派人物的著作居多。

其原因一方面是宋代重科举，经书是士子求取功名的必读书。另一原因是南宋理学大昌。建阳乃考亭故居，学者众多，这类书籍拥有考亭学派的大量读者。

从字体上来看，宋建刻本大部分字体多似柳体，如余仁仲刻《礼记》《春秋公羊经传解诂》等。

这个时期，建阳书坊还有一些工于篆书的书工。如余氏刻书世家中的书工余焕，真德秀曾命其书写“圣贤之言”。称赞其书法“如正人端士眼古衣冠，巍然拱手，使人望而起敬，虽严师益友曾不过是”。

宋代建本大部分用竹纸印刷，元、明沿袭之。建阳盛产毛竹，造纸原料丰富。现存于北京图书馆的宋乾道七年蔡梦弼刻本《史记集解索隐》、元至元六年郑氏积诚堂刻本《事林广记》、元天历三年叶氏广勤堂刻本《王氏脉经》、元至顺三年余氏勤有堂刻本《唐律疏议》等，经专家鉴定，用的都是竹纸。

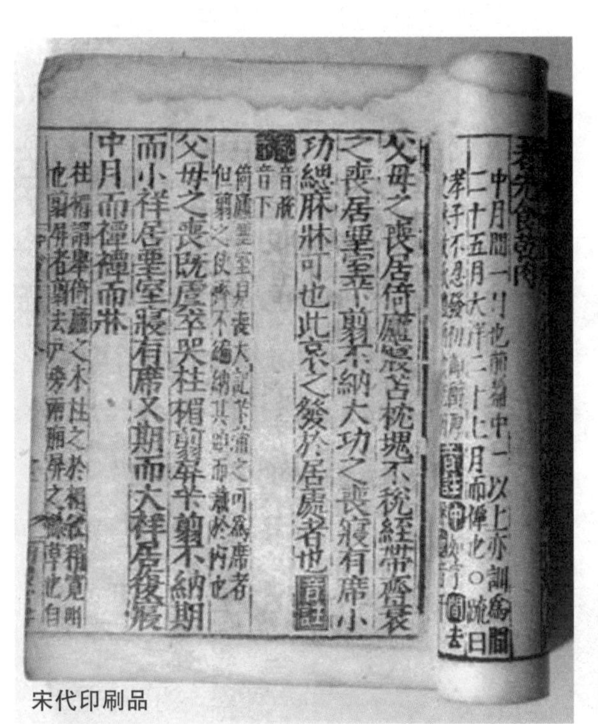
父母之喪居倚廬寢苫枕塊不稅絰帶齊衰
之喪居堊室芐翦不納大功之喪寢有席小
功緦麻牀可也此哀之發於居處者也
父母之喪既虞卒哭柱楣翦屏芐翦不納期
而小祥居堊室寢有席又期而大祥居復寢
中月而禫禫而牀

宋代印刷品

版式上，有左右双边，细黑口，双鱼尾。有的在边线外左上角刻有“耳子”，内刻篇名或小题，便于读者查找。

宋刻建本与海外影响

麻沙和崇化,地处闽北山区建阳,鲜为人知;然而,它们在宋代却是闻名遐迩的“图书之府”。

麻沙版图书畅销全国,驰名九州,它传播保存祖国文化遗产,推动福建文化发展的功绩永留史册。

麻沙与崇化的刻书业,始于中唐,兴于北宋,南宋时最为鼎盛。“宋刻书之盛,首推闽中,而闽中尤以建阳为最”。建阳刻书业,主要分家刻、坊刻二种,二者各有千秋。

家刻系指个人及其家塾所刻之书,目的在于宣扬自己的著作或传播自己所爱好之书,故精勘精审,装潢考究。但为数不多,影响不大。其中较著名的有:建安蔡子文东塾之敬室,麻沙镇水南刘仲吉宅,麻沙镇南斋虞千里,建安黄善夫宗仁家塾之敬室,建安魏仲举家塾等。

坊刻系指书坊所刻之书,目的在于营利。古代书坊,是兼营编辑、出版、印刷和发行的书店。它是书籍生产和流通的主要场所。因取易刻速售,故质量稍次。但刊刻内容广泛, 数量很多,影响极大。“建阳崇安接界处有书坊,村皆以刊印书籍为业”。许多人以刀为锄头,以版为田,赖此谋生。麻沙与崇化尤为书坊的荟萃之地,所出之书号称“麻沙版”,扬名天下。

朱熹称“麻沙版书,行四方者,无远而不至”。有的甚至运到海外出售。著名的书坊有:黄三八郎书铺、一经堂、勤有堂、万卷堂、群玉堂、陈八郎书铺、建安堂等。

匠人刻版场景复原图

匠人刻版中

宋代麻沙书坊不胜枚举，仅以上数家，即可想见当年的繁盛。尤其要指出的是，其中有的人世代操书为业，经营得法，书坊一直开到百年以上。

如以“全闽刻书之威”著称的余氏“万卷堂”，从宋代一直开到明代，历三朝达四百余年之久，蜚声海内外。像这样历数百年而不衰的书林世家大族，在世界文化史上是极为罕见的。

麻沙与崇化的坊刻书籍大致可分五类：一是初级启蒙读物，如《千字文》《三字经》等。这些书一向不为私家所屑顾；然而它对开发儿童智力，普及文化知识却必不可少。宋明两代建阳被誉为“家有法律，户有诗书”的文学之乡，足见其影响之深远。

二是各类经史和类书。这些书主要供士大夫学习、进身仕途之用，故印数极多，流传最广。史载“五经四书泽满天下，人称小邹鲁。”

古代印刷品

三是各类文集、诗选和各种工具书。如《千家注杜诗》《诗人玉屑》等。这些书主要供学者学术研究考证源

流之用。

许多文人学士对麻沙版书籍十分赞赏。清代学者朱彝尊有诗云:“得观云谷山头水,恣读麻沙里下书。此意残年仍莫遂,扁舟欲去转踌躇。”

四是各种农、医杂书和日用书,如《农桑辑要》《居家必备》等。这些书历来被士大夫视为雕虫小技,难登大雅之堂。但它却是长期以来劳动人民生产斗争和生活经验的总结,为广大人民所喜爱和重视,所以印数也很多。

五是各种民间诗歌、戏曲、话本、小说集等。这些书主要供城乡民间艺人说唱使用,如《大宋宣和遗事》《京本通俗小说》等。这类书籍为中国通俗文学的发展起承先启后的作用。

其中一部分话本影响很大,导致后来著名小说《三国演义》《西游记》《水浒传》的产生。

“建本遍天下”“行四方者,无远而不至”。宋刻麻沙版书籍对宋明祖国文化发展起了巨大的推动和促进作用。书坊的开张营业,书籍的大量刊刻,促进福建各地文化教育事业的发展。各地书院学馆林立,藏书日盛,一跃成为中国南方重要的文化中心。

闽中士子晓习夜诵麻沙卷籍,探其精奥,日有所得,涌现出大批杰出的政治家、史学家、文学家、科学家等。

在正史中,福建籍人物唐时仅2人,占总数0.2%。北宋时升到95人,占6.5%。南宋为88人,占14.5%。明时为92人,占5.19%。

据明朝进士题名录记载,明代福建有进士3 208

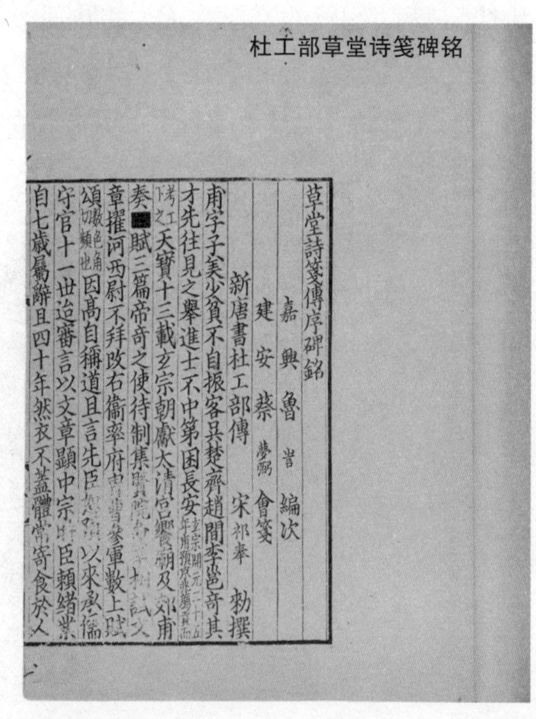
草堂詩箋傳序碑銘
嘉興魯訔編次
建安蔡夢弼會箋
新唐書杜工部傳 宋祁奉勅撰
甫字子美少貧不自振客吳楚齊趙間李邕奇其
才先往見之舉進士不中第困長安
考功下之 天寶十三載玄宗朝獻太清宮饗廟及郊甫
奏[illegible]賦三篇帝奇之使待制集賢院[illegible]試文
章擢河西尉不拜改右衛率府冑曹參軍數上賦
頌因高自稱道且言先臣[illegible]以來承儒
守官十一世迨審言以文章顯中宗時臣賴緒業
自七歲屬辭且四十年然衣不蓋體常寄食於人

杜工部草堂诗笺碑铭

名。麻沙崇化所在地的建宁府更是英才辈出,群星辉映。

建阳人袁枢,幼习《资治通鉴》,苦其浩博。后将其数千年事迹,分门别类,写成《通鉴纪事本末》一书,开史学新体例之先河。崇安人柳永,其词婉丽,名播西夏,“凡有井水处,即能歌柳词”。

建阳人宋慈,是最早的法医学家,所著《洗冤集录》,被喻为法医经典,翻译到欧美十几个国家。建阳人祝穆,著有《方舆胜览》,对于“名胜古迹,多所胪列,诗赋序记,微引尤繁”,被《四库全书提要》喻为“游记全书”。

明代的建阳成为“家有法律,户藏诗书”的文学之乡,与“东鲁曲阜”并称于世,共享盛名。由此可见宋刻麻沙版书对福建文化所产生的深远影响。它为宋明两代福建文化走在全国的前列立下汗马功劳。

宋代麻沙本,还对中外文化交流起积极的作用。宋元时期,泉州为对外贸易的重要港口。麻沙版书曾与其他闽产经此漂洋过海,运往世界各地。

宋代“建阳七贤”之一的熊禾就说过“儿郎伟,抛梁东,书籍日本高丽通”。

“儿郎伟,抛梁北,万里车书通上国”。泉州海船就载过五色缬绢与“建本”书籍和新罗的人参布匹交换。祝穆所著的《事文类聚》麻沙本曾流传到朝鲜被印成活字本广为流传。

宋代的中国对日贸易,书籍为其大宗。《新雕皇朝事实类苑》曾流传到日本。1621年,日本水尾天皇曾将它翻印赐给公卿诸臣。

那时日本掀起学习中国文化的热潮,幕府在十三世纪中叶,在现今横滨市建立起有名的金泽书库,专门收藏各种中日书籍。其中就保留有许多珍贵的宋代麻沙版本。

1980年,日本宫内厅将珍藏的宋版麻沙本《全芳备祖》影印本赠送给北京大学图书馆。该书传世稀少,被视为拱壁珠琳;十四世纪时就已罕见,连李时珍编写《本草纲目》也没有见到它。

由此可见宋代麻沙版书在增进中日两国人民的了解和友谊,沟通两国人民感情方面起着不可低估的作用。

世事沧桑数百年，物换星移几春秋。宋刻麻沙版书屡经磨难，现已稀世难得。

早在清代，它就以页计酬，身价倍增。“沪渎偶出一宋季元初麻沙坊刻，动估千金”。

抗日战争胜利前夕，浙江图书馆曾收购宋麻沙版《名臣碑传琬琰集》，以其流传太少，弥足珍贵，从每页计价银元五枚购进。解放后，宋代麻沙版各类书籍在全国各大图书馆均被列入善本之列，妥为保藏。

雕版印刷各时期版本的特点

隋朝以前，主要的书籍还都是手抄本。手抄书籍费时费力费钱，非皇室官宦之家不能为之。所以，藏书也就只能是“政府投资工程”，一般的读书人能看到都算不易，妄论藏书了。

历代藏书家中，善本肯定是旧本；那些抄写、刻印年代较近的只能是普通本，如晚清藏书家丁丙在其《善本书室藏书志》的编例中，规定收书范围是：旧刻、精本、旧抄、旧校。

按照他那个时代的标准，将旧刻规定为宋元版书，精本为明代精刻。依据这一划分，随着时间的推移，收藏家心目中的善本年代界限也日益后移。

丁丙《善本书室藏书志》

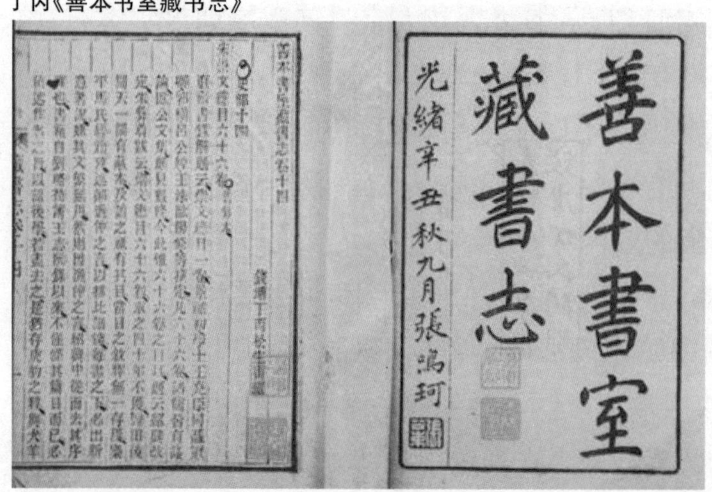

民国时期，明刻本渐渐进入旧刻

行列。二十世纪中期以后，乾隆以前刻本全都变成了善本，甚至无论残缺多少，有无错讹，均以年代划界。

按藏书界的通论来说，藏书的版本最为珍贵的是“官刻本”，即是由官府刻印的图书。五代以来，历朝中央和地方官府均有刻书之举，但所设机构不同，所以官刻本又有各种不同名称。

其中比较主要的有以下几种：

“监本”，为历朝国子监刻印的图书；“公使库本”，两宋地方官府动用公使库钱刻印的图书。

“经厂本”，明代司礼监所辖经厂刻印的图书；“内府本”，明清两朝宫殿刻印的图书。

“殿本”，清康熙间，于武英殿设修书处，乾隆四年又设刻书处，派亲王、大臣主持校刻图书，所刻之书被称为“殿本”。

“聚珍本”，清乾隆年间选刻《四库全书》珍本，武英殿采用活字印刷，乾隆定名为“聚珍版”，所印图书遂被称“武英殿聚珍本”。后来各地官书局也仿聚珍版印书，被称为“外聚珍”，而武英殿活字本被称为“内聚珍”。

“书局本”，为清同治年间由曾国藩提倡，江西、江苏、浙江、福建、四川、安徽、两广、两湖、山东、山西直隶先后创立官书局，所刻图书称为“书局本”或“局本”。

“私刻本”，即私人出资刻印的图书，其中不以营利为目的的私家刻书被称为“家塾本”或“家刻本”。一般老百姓是不会自己写书自己印的，穷文人也没有能力。一般能够私刻书籍的，要么是饱学鸿儒，要么是官宦文人。

自宋代以来，私家刻书持续不衰。有的以室名相称，如宋朝廖莹中的“世彩堂本”，余仁仲的“万卷堂本”；明朝范钦的“天一阁本”，毛晋的“汲古阁本”；清朝纳兰性德的“通志堂本”，鲍廷博的“知不足斋本”，黄丕烈的“士礼居本”。也有以人名相称，如宋朝“黄善夫本”，明朝“吴勉学本”。

“坊刻本”，也就是历代书坊、书肆、书铺、书棚刻印的图书。坊

光绪文胜堂翻刻内府官刻本

刻本都是以营利为目的，刻印较差，往往校勘不精，唯宋代坊肆刻书，如临安陈氏、尹氏书籍铺等，所刻图书与官刻本、家塾本不相上下。

综上所述，印刷术与民间藏书相辅相成，没有印刷术的发明和普及，藏书不可能产生，而正是因为藏书的发展，印刷术便也因人们的喜好而有了自己的方向。

雕版印刷，在宋代是巅峰和黄金时代。雕版印刷书籍规模很大，有许多书都是大部头的，如当时的“四大官书”中的《太平御览》《册府元龟》《文苑英华》都是上千卷，《太平广记》500卷。在四川成都雕版的《大藏经》规模更大，共有1 046部，5 048卷，用了12年时间，雕版达13万块之多。

宋代雕版的书籍种类繁多。有文、史、医学的专著，也有法律、地理、建筑、农林、佛教等方面的书籍。历代名人及宋朝名人的著述和文集都有雕版。

为了使印版不变形，最早采用存放多年的方法使木材干透。后来开始采用水浸和蒸煮的方法来处理木材。

水浸的时间大约一个月，晾干后再用；蒸煮则要在水中煮三到四个小时，晾干后再用。木板干燥后，进行两面刨光、刨平，再用植物油涂拭板面，最后进行打磨，使之光滑平整。这样才可以在上面雕刻。

印版的雕刻中，主要使用的工具有刻刀、不同规格的铲刀和凿子。刻刀形状、大小各异，用于雕刻不同大小的文字和文字的不同部位;铲刀和凿子主要用于文字空白部分的雕刻。

此外还需要锯、刨子等普通木工的工具和一些附属工具,如尺、规矩、拉线、木槌等。

这样精细的选材,细致的做工,把书法、雕刻、纸质、墨质的精华融在一起,产生出来的书籍,完全可以说是一件艺术品。所以中国才会有藏书而不读书的专业藏书家。外国的藏书家们,如果不看书,恐怕是不会去收集大量的书的。

相比而言,中国发明的活字版印刷术,在国外却得到了进一步的发展和完善,成为现代印刷术的主流。

对中国古代活字版印刷术有突出改进和重大发展的是德国人古登堡。他创造的铅合金活字版印刷术,被世界各国广泛应用。

古登堡创建活字版印刷术大约在公元1440—1448年,比毕昇发明活字版印刷术晚了400年之久。但是,古登堡在活字材料的改进、脂肪性油墨的应用,以及印刷机的制造方面,都取得了巨大的成功,从而奠定了现代印刷术的基础。

古登堡首创的活字印刷术,先从德国传到意大利,再传到法国,到1477年传至英国时,已经传遍欧洲。一个世纪以后传到亚洲各国,1589年传到日本,翌年,传到中国。看到这里,实在是不能不为中国的"每况愈下"而感叹。

汉字进行大规模的活字印刷,因为工程量之浩大,必须在工业化的环境下才可能实现。然而,中国始终是保守的农业国家。用活字来印刷大部头的书籍只能是"肉食者谋之"的事情。

清代雍正四年,皇家用铜活字排印了大部头书《古今图书集成》,共刻铸铜活字二十多万个。乾隆年间,武英殿又刻制木活字十五万多,排印了《武英殿聚珍版丛书》。这是皇家工程。

民间木活字印本,影响较大的是乾隆五十六年和乾隆五十七年萃文书屋排印的清曹雪芹、高鹗续《红楼梦》一百二十回。

雕版印刷技艺跻身世界级"非遗"名录。这原本是值得庆贺的事,但最近"扬州中国雕版印刷博物馆"有点烦。

这些有世界印刷史“活化石”“中华一绝”之称的扬州雕版印刷，所藏的宝贝如今有的开裂，有的遭虫蛀。

为了修补古老的雕版，扬州中国雕版印刷博物馆邀请南京林业大学的教授进行了一次自然考古，希望找出雕版印刷的一些规律，以便将来很好地进行保护。

扬州中国雕版印刷博物馆是中国首座雕版印刷博物馆，存有20多万片不同朝代的雕版。一日，扬州博物馆派人送来了八片残破的雕版，希望南林大木材工业学院的专家能够帮忙分析，搞清雕版的材质。

在显微镜下，每种木材的细胞结构都不相同，就如同世界上没有相同的指纹一般。八片雕版中有四片都是梨木，还有两片是丝绵木。

为什么古人多半选择这样的木材刻字，那可是大有讲究的。拿梨木来说吧，摸上去十分细腻。凑近看，木材的“毛孔”也十分细微，如同婴儿的皮肤一样，光洁柔滑。

在这种木材上刻字会更精致，笔锋也会刻得好。而丝绵木也有异曲同工之妙，又名“水黄杨”，摸起来像丝绸，非常细腻。

在调查的八片雕版中，除了梨木、丝绵木这些中国本土木材外，居然意外地出现了“舶来品”。

非常凑巧的是，日本京都大学名誉教授伊东隆夫也参加了这次雕版的木材鉴定。在日本，绝大多数雕版都是用樱木雕刻而成的。

在日本，伊东隆夫是赫赫有名的木材鉴定权威，经他鉴定的雕版足有50多万片。他介绍说，日本的雕版多半藏于寺庙中，如位于东京的宽永寺就藏有30多万片雕版，延厉寺有18万片雕版，位于京邦的光明寺也珍藏了有5 000片雕版。这50多万片

扬州中国雕版印刷博物馆

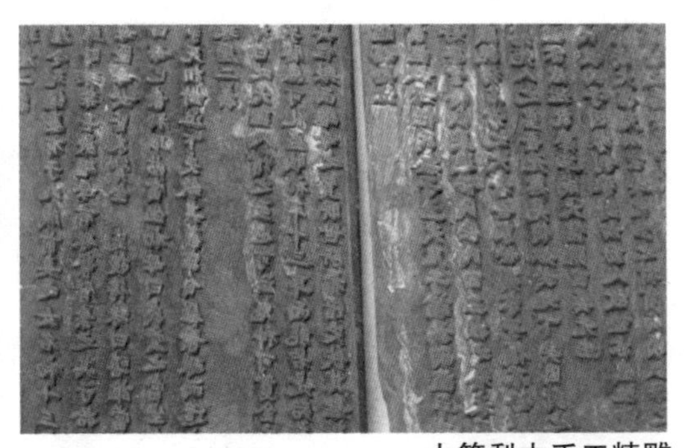
上等梨木手工精雕

雕版中，绝大多数都是樱木，梨木极少。

智慧的古人选择在纵切面上刻字，还是有依据的。横切面上能看到年轮，很容易变形，而且从原料利用上来说，利用率也不高。但是纵切面就不同了，可以方便地制作成合适的形状。最关键的是，这个面的硬度适中，很好刻字，而且不容易破损。

历经千百年的岁月，不少雕版都被虫蛀了，有的还有裂痕。这是因为古人并不知道如何防腐和防蛀。在制作雕版时，他们一般会将原材料自然干燥两三个月就开工了，并没有特殊的处理。

从保存的情况来看，梨木和樱木被虫蛀的情况更严重一些。这是因为梨木和樱木中有很多树胶，味道甜甜的、香香的，是虫子的最爱。而樟木却不受虫子的青睐，虽说在人类闻来有股香味，但却不对虫子的口味，因此被虫蛀的几率并不大。

晋级非遗的雕版是人类印刷史上的活化石，极珍贵，防虫蛀也就尤显重要了。

要想防虫蛀，可以让雕版经过50~60度的高温处理，就可以杀死虫子，同时要保持干燥，因为昆虫的生长需要水分。

目前浙江掌握雕版印刷手艺的老工匠只剩三人。曾经鼎盛一时的杭州雕版印刷绝技该如何传承？

以杭州为代表的浙本用笔方整，刚劲挺秀，刀法娴熟，转折笔画轻细有角，不留刀痕，反映原来字体最为忠实，成为后世刻书的楷模，影响了中国千年古

古代印刷版本残片

籍刻本的风格。

涌现了陈氏书坊、东荣六郎家书籍铺等南宋杭州较著名的书坊。王珍、徐林、李才等一代刻工更是为杭州的雕版印刷留下了《后汉书》《金刚经》《抱朴子》《南史》等无数绚丽的篇章。

随着工业文明的飞速发展，以手工操作的雕版印刷术已经濒临消亡。目前国内能够从事雕版印刷的厂家寥寥可数，浙江除了华宝斋，已经没有企业能够从事雕版印刷。而此方面的技术人才几乎断代。如今华宝斋从事雕版印刷的老工匠也只有三位。

浙江华宝斋

“如果再不加以保护，这门传统手工艺就将面临灭绝之灾。”老工匠们感叹道。

在华宝斋雕版车间，雕版印刷是将文字、图像雕刻在平整的木板上，再在版面上刷上油墨，使印版上的图文转印到纸张上。三位师傅告诉记者，这看似简单的手工活在工艺技术上却比较复杂：它有单色和彩色雕印之分，有凸印和漏印之别。

然而，要在锯开的硬度较大的木材表层上，刷一层稀浆糊将透明的薄纸字面向下，贴在木板上，干燥后再用刀雕刻出反向，使凸起的文字成为凸版，然后再覆上纸张，使版上的图文清晰地转印到纸张上，可不是件谁都能干的绝活。

华宝斋雕版印刷线装作品《史记》《三国志》等已成为国内许多图书馆的珍贵藏品，并弥补了一些专业图书馆对善本“概不外借”的缺憾。

同时，采用雕版印刷术印刷的书籍、绘画等其他形式的文化作品，在飞速发展的数字时代显得尤为珍贵。用雕版印刷术印刷的古籍也成为中外友人互赠的上品，市场供不应求。从群众需要和文化保护两方面看，传承雕版印刷这门绝技很有意义。

华宝斋已制定了5年保护抢救措施，到2010年，要建立一整套集雕版印刷保护、开发及市场营销体系。并投入200万元修建了造纸印刷一条街和展览馆。

更令人欣慰的是，华宝斋再次投资100万元用于雕版印刷专业技术人员的培训。日前，从华宝斋员工中选拔的技术人才已分期分批轮流上岗参加了培训班。如今已有近10名员工在三位师傅手把手的传教中，学习了从最初制作宣纸、锯割木版、油墨上色，到套版印刷、多色印刷、彩色印刷等流程，掌握了初步的雕版印刷技能。

华宝斋正着手利用计算机，为雕版建立相应的技术资料库，挖掘整理雕版印刷的工艺和技术，以求古老的手工艺能更好地传承下去。

迷你知识卡

抱朴子

东晋葛洪撰总结了战国以来神仙家的理论，从此确立了道教神仙理论体系；又继承魏伯阳炼丹理论，集魏晋炼丹术之大成；它也是研究中国晋代以前道教史及思想史的宝贵材料。

第四章 雕版印刷是民族遗产也是世界的

中国古地图的雕版印刷

地图编绘后要提供各方面的各种应用，必须进行复制。临摹是一种复制方法，而工作量相当巨大，又容易产生错误，同时复制的数量极有限。

自有石刻拓印法之后，为大幅面的地图进行石刻创造了条件。石刻地图保存下来，成为研究地图史的重要史料，是极其宝贵的文物。

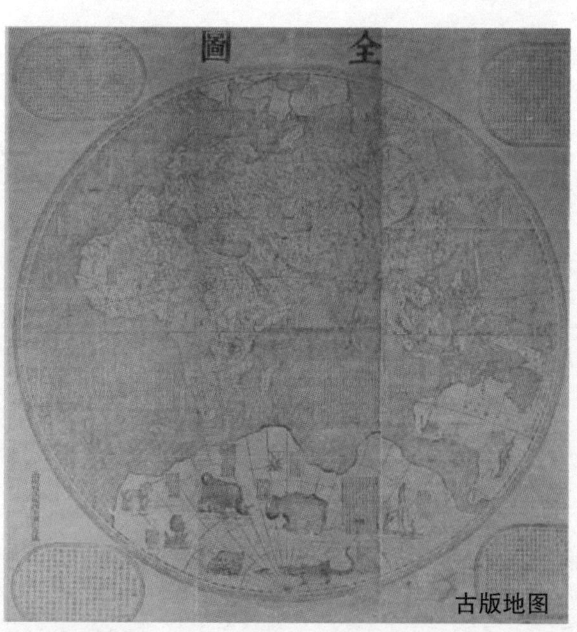

古版地图

雕版印刷出现以后，在木板上雕刻比在石板上雕刻容易得多。到宋代雕版印刷已经兴盛起来，书籍的刻印不仅官府刻印，而且发展到书坊刻书和私人刻书。

石刻地图

刻印内容除书籍以外，已发展到印报纸和纸币。刻印技术也有很大提高，在刻书中刻印地图也在应用中。

现今所藏最早的雕版印刷地图，是南宋杨甲所编的《六经图》中的《十五国风地理之图》，该书刊于南宋绍兴二十五年，现藏于国家图书馆。

该图中以单线表示河流，以三角形表示山，地名用阳文表示。《地理之图》用木版雕刻印刷，较德国奥格斯堡发行最早的木版印刷地图要早317年。

南宋绍兴三十年，傅寅的《禹贡说断》中的雕版印刷地图，其雕刻技术与质量相比《地理之图》有较大提高，如《禹贡说断》中，河流已以双线表示，过渡自然，线条宽窄一致，山脉采用了象形图案。

由于地图表示内容的多样性，为使地图应用者便于区分地图中的内容，人们很早就采用多种颜色绘制地图。

譬如，1973年在长沙马王堆三号汉墓中出土的绘在帛上的三幅地图，据考证为汉文帝后元十三年以前绘制的，已用朱、青、黑或田青、淡棕、黑三色彩绘了。

南宋淳熙四年程大昌撰《禹贡山川地理图》就是由多色绘制的地图，淳熙八年由彭椿年刊刻该图，刊印时改为单色印刷。

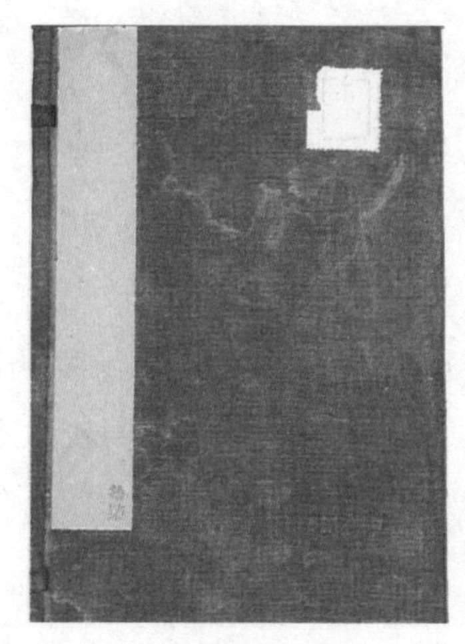

《六经图》

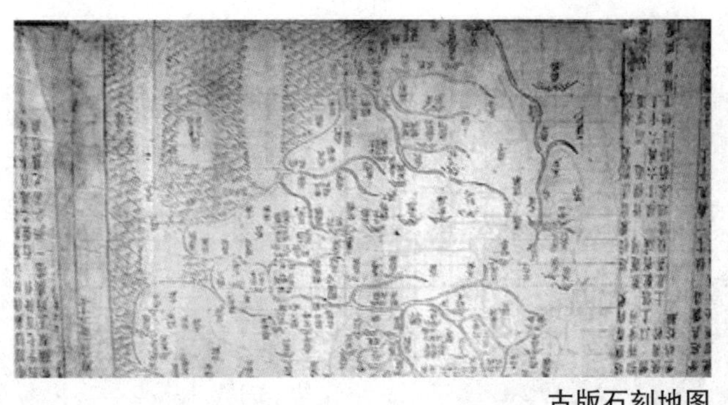
古版石刻地图

《禹贡山川地理图》跋载："凡所画之图，以青为水者，今以黑色水波别之；以黄为河者，今以黑双线别之；古今州道郡县疆界，皆画以红者，今以黑单线别之。旧说未妥，今皆识之雌黄者，今以双路断线别之。"

图中又以文字注记区别古今内容。如《禹贡》九州用阴文表示，宋代建置用阳文表示；地名套以黑圈，山河名加方框。河道变迁处辅以文字说明。《九州山川实证总图》为《禹贡山川地理图》中之一，该图现藏于国家图书馆。

宋代雕刻印刷了许多地图，有的是附于地方志中，有的是多幅地图成集。《历代地理指掌图》是一本著名的地图，由税安礼编，成书时间约在北宋元符年间。

该图有地图44幅，前有序言，后有总论，有总图2幅，始自帝喾，迄于宋代的历代区域沿革地图39幅，另有《天象分野图》《二十八舍辰次分野图》《唐一行山河两戒图》各1幅。

每幅地图均附图说明，有的还附有考辨，对研究中国历代区域沿革有重要的参考价值。该图在日本东洋文库收藏有宋刻本；中国现藏有多种明代刻本。宋代因雕版印刷术的兴盛，使宋代许多

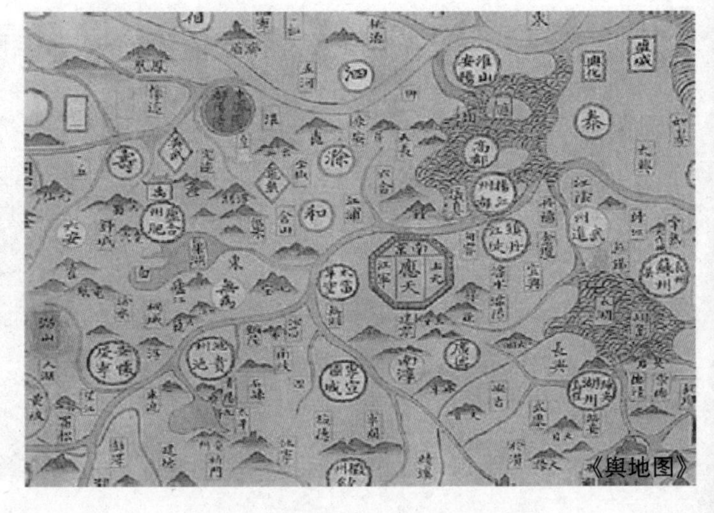
《舆地图》

地图得以传世，但书中的地图都是单色印刷的。

元代存世地图不多。历时10年绘成了当时的中国全图《舆地图》，以计里画方法，先分别绘成各地分幅图，而后汇编成总图。这幅地图长宽各七尺，现已失传。

明代罗洪先根据此图增订重编改成书本形式的《广舆图》。罗洪先在《广舆图》序中说，朱思本地图是他见到的最好的地图，所以选择朱图作为基础。

罗洪先的《广舆图》稿本约完成于嘉靖二十年，将朱思本的大幅图改编成很多小幅地图，增补了一些其他地图，装订成册，成为中国目前能够看到的最早的刻本综合地图集。该图初刻于嘉靖三十四年，初刻本开本近正方形，横35.5厘米，竖34.5厘米。

内容包括朱思本、罗洪先序言各1篇，首先为舆地总图，其次为分省舆地图和九边图。有两直隶、十三布政司图16幅，九边图11幅，洮河、松潘、虔镇、建昌、麻阳诸边图5幅，黄河图3幅、漕河图3幅，海运图2幅，朝鲜、朔漠、安南、西域、东南海夷、西南海夷图各1幅，以及图表、统计资料等共计117页。

该图另一首创是图中的制图符号归纳成“图例”，图例包括24种地图符号，极大地丰富了地图内容。

《广舆图》自初刻起，至清嘉庆四年244年间前后刻过6次不同版本，流传甚广。在美国、日本、原苏联等国都藏有不同的刻本或抄本。

清康熙《皇舆全览图》也有雕刻印刷版本，最早刻于康熙五十六年，有总图1幅，分省及地区图28幅。该图内缺西藏全部及蒙古西部。

古版地图

康熙六十年第二次刊刻，总图已增补了西藏和蒙古西部，分省图和地区图增加到32幅。该图上已绘有经纬线。故宫博物院藏有该图两版的总图。

雕版印刷地图自宋代起，到十九世纪末，印有全国图、省区图、城市图、历史图、海图等各种类型的地图不下有五六百种，为研究地图印刷提供了宝贵资料。

雕版印刷与扬州

雕版印刷是运用刀具在木板上雕刻文字或图案，再用墨、纸、绢等材料刷印，装订成册页或书籍的一种特殊技艺。

它肇始于一千三百年前的中国，开创了人类复印技术的先河，承载了难以计量的历史文化信息。

它与在此基础上发明的活字印刷术统称为古代中国“四大发明”之一，在世界文化传播史上起着无与伦比的作用。该技艺至今仍保存着完整的形态，其中雕版印刷等经典技艺，造化神奇，为现代印刷技术也无法仿效。

从某种意义上说，雕版印刷技艺亦被称为扬州雕版印刷技艺。

雕版印刷展示厅

匠人刻版中

中国雕版印刷技艺以扬州为代表，是有深刻原因的。

明代学者胡应麟著《少宝山房笔丛》云：“雕本肇始于隋，行于唐世，扩于五代，精于宋人。”

他没有笼统地用“出现于隋唐时期”来概括，而用“始”“扩”“精”分别描述出不同年代雕版印刷产生与发展的标志性特征，令人信服。他能够做出如此细致地分析和判断，或许是因为考证了隋、唐、五代的雕版印刷实物。

事实上，扬州具备在隋代出现雕版印刷技艺的条件。

当时扬州是全国的政治、经济、文化中心，作为陪都，其繁荣程度不亚于洛阳。尤其是隋炀帝开凿大运河后，扬州交通更加便利，地位也得到进一步提升，为雕版印刷的产生发展提供了较好的物质基础。

隋唐之际，雕版印刷术遵循两条不同的途径发展起来。一条是适应佛教传播，需要复制大量的佛像与佛经；另一条是民间坊刻，雕印年历、经咒等民间生活用品。

从某种意义上说，雕版印刷术的发展是佛教信徒为传播教义进行探索和实践的结果。而隋朝时，扬州佛教兴盛。

开皇十一年，隋炀帝在扬州城内设“千僧会”，拜天台宗创始人智顗为师，受菩萨戒，被奉为“总持菩萨”。

这一年，扬州寺观猛增了十三座，为中国佛教史上少有之事，也使扬州佛经和佛像的需求量增大，单纯的手抄已经不能满足需要，雕版印刷应运而生并乘势迅猛发展，扬州雕版印刷史发展成为中国雕版印刷史的缩影。

雕版印刷为扬州历史文化重要特色之一。清代扬州雕版印刷空前发展,刻印之书不可胜计,最值得一提的要数《全唐诗》,世称“中国雕版印刷第一书”。

康熙年间皇帝命两淮盐政曹寅于扬州天宁寺内设扬州诗局,召集全国各地雕版印刷的能工巧匠前来效力,集中写刻印制,用将近两年的时间刻印完毕。

《全唐诗》分装一百二十册,十二函。版式为半页十一行,每行二十一个字,白口,双鱼尾,左右双边。全书写、刻、校、印皆精。工楷写刻,字体秀润,墨色均匀,用开花纸印刷,纸张坚韧洁白。康熙皇帝阅览进呈的样书后,大为赞赏,御笔朱批道:“刻的书甚好!”

清代扬州雕版刻印的书质量高,精品多。有学者认为金农刻本《冬心先生集》较《全唐书》更精美。

或许从刻印的质量来看,《冬心先生集》的确较《全唐诗》更胜一筹,但笔者认为其历史文化意义远不可与《全唐诗》相比。

因为《全唐诗》的刻印乃“钦定”,规模大,影响深远;《全唐诗》刻印较《冬心先生集》早近三十年,代表了当时雕版印刷最高成就,堪称雕版印刷史上划时代的作品。

扬州雕版印刷技艺精湛、独特,在雕版印刷术基础上发明的活字印刷术也与扬州有着密切的联系。活字印刷由毕昇在宋代庆历年间发明,由沈括的《梦溪笔谈》记载,《梦溪笔谈》又以扬州州学刻本得以面世。

由此可知,没有毕昇,就没有活字印刷。没有《梦溪笔谈》,活字印刷就得不到流传。而没有扬州州学,《梦溪笔谈》就不能面世。

活字印刷术出现后,扬州雕版印

清康熙雕版刻印《全唐诗》

刻版需要高超技艺

刷技艺由于它独特的魅力和价值，没有被活字印刷所取代。

据《中国古籍版刻辞典》载录，活字印刷《武英殿聚珍版丛书》刊行后，扬州淮南书局随之影刻《武英殿聚珍版丛书》，以利于其更好保存。期间，扬州雕版印刷以空前辉煌的业绩跃居中国刻书名区之列。

目前，扬州广陵古籍刻印社作为雕版印刷技艺的保护单位也积极致力于活字印刷技艺的传承、保护。

从上世纪六十年代初开始，刻印社采用活字技术生产了大量线装书，如《唐诗三百首》《毛泽东诗词》《论语》《老子》《孙子兵法》《周易》等，受到了各界的好评。

雕版印刷技艺的传承方式按组织形式可分为官刻、坊刻和家刻，传承的特点各不相同。扬州雕版印刷技艺的传承大体也分为这三种形式，但传承更有序，表现更独特。

官刻。扬州官刻的独特之处主要表现为扬州官刻规格高，规模大，持续时间久，影响深远，成果丰硕。

正如前文所述，从官刻《全唐诗》时，扬州就聚集了全国各地雕

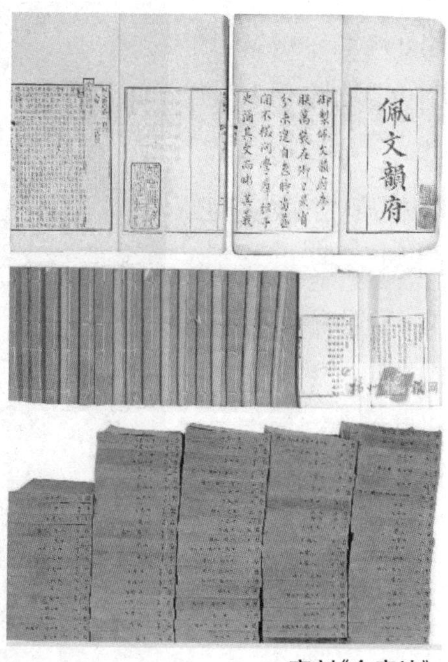

官刻《全唐诗》

石刻字版

版印刷的能工巧匠。但是《全唐诗》刻印后，这些优秀的编校、书写、镌刻、印刷人才，并没有离开扬州。

因为从扬州诗局到扬州书局、淮南书局，历时百年以上，扬州官刻的书籍不计其数，那些全国雕版印刷的顶尖“高手”在扬州定居生活下来，在刻印书籍的同时，将他们掌握的技艺在扬州传承、发展。

坊刻以营利为主要目的，由坊主聘请相对稳定的雕版印刷艺人，集中于书坊内刻印图书；逐步形成某个书坊独特的刻印风格或在某个地区形成坊刻的流派。

民国中期，扬州的陈恒和父子创办了“陈恒和书林”，从事刻版修版校印古籍。他们悉心搜集乡邦文献遗稿，辑刊《扬州丛刻》，尤为世人称道，被誉为“扬州坊刻后起之秀”。

雕版需要漫长过程

清代扬州所刻书，家刻本占了

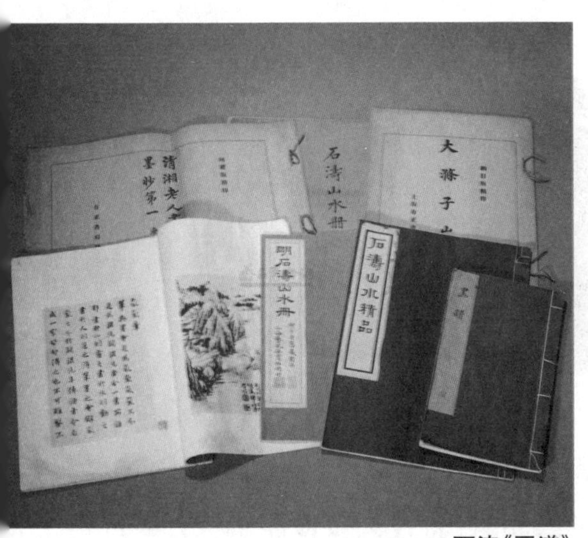

石涛《画谱》

大多数，令人赞美的精品也最多。经济富庶，文人大家辈出，是扬州家刻图书快速发展的主要原因。扬州家刻图书主要有三类：一是扬州盐商刻本。扬州盐商中有一部分为商人兼文人，他们或为“博雅”之誉，或为益人济世，不惜重金收藏图书，招收名士，精心刻书，以雍正、乾隆间马曰琯、马曰璐兄弟最为有名，他们的刻本时称“马版”；二是“集著作家、藏书家、校勘家”于一身的刻书家刻本，这部分刻书是扬州家刻的主流。

康熙年间曹寅在奉旨刊刻《全唐诗》等内府书籍的同时，又选刻家藏图书及自撰诗、词、文、传奇著作共二百八十二卷。

三是写刻本。清代，扬州地区的文化艺术空前繁荣，出现了一批“书画皆佳”的文人，如“扬州八怪”。他们亲自写样上板精刻，将书法运用到雕版印刷中，因而备受世人珍爱。

康熙年间，石涛刻印所著的《画谱》，就亲自手书上板付刻。这些由书画名家写样的精刻本，被收藏家奉为上品。

官刻、坊刻、家刻这三种传承方式对传播和传承扬州雕版印刷技艺，都曾起到重要作用，也为雕版印刷技艺提供了博大的传承空间。

但清末以后，随时代变迁，这些传承方式走向了衰败，于是杭集扬帮成为扬州雕版印刷技艺传承的主力军。

杭集镇位于扬州南郊。清代以来这一带雕版艺人众多，以陈开良、陈正春、陈礼环、陈开华、王义龙、刘文洁、陈兴荣等为代表的“杭集扬帮”，写工、刻工、印工、装订工齐全，世代相承，在雕版印刷技艺日趋式微时，他们成为该传统技艺具有突出代表性而为数不多的现

雕版残片

存者,在传承与保护中具有不可替代的作用,是维系该项绝技保持活态而不致湮灭的关键所在。

杭集扬帮是一支拥有雕版印刷高精技艺的骨干力量队伍。在他们走南闯北承接刻书业务的同时,将技艺也传播至各方。近代扬州刊刻印行的大部分雕版印刷作品,凝聚了杭集扬帮传人的心血和才华。

新中国建立以来的半个多世纪,扬州为雕版印刷技艺的传承与保护做了大量的工作,取得了骄人的成绩。

早在1960年春,扬州市政府有关部门批准成立"扬州广陵古籍刻印社",召集雕版印刷艺人六十余人,从事古版修版及印刷工作。

为此,省有关领导部门专门发文征集省内藏版,又从浙江借调部分藏版,交广陵刻印社整理、修补、重印。几年内,征集到古版近二十万片,印行图书十万余册。"文化大革命"期间,保护工作曾一度遭到破坏,刻印社也被迫撤销。

1978年,广陵古籍刻印社在各级党和政府的关心下,得以恢复,于扬州凤凰街重建社址。召回部分专业人员,培养了一批新人,使雕版印刷工艺流程全面恢复,修补、印行了大量古版图书,还新刊刻了《里堂道听录》等一批新版古籍,为扬州雕版印刷史谱写了新的光辉篇章,被海内外誉为"江苏一宝",乃至"全国一宝"。

近年来,扬州还整理、出版了一批雕版印刷技艺的理论专著,将雕版印刷技法用文字、图片等多种方式记录下来,有利于雕版印刷技艺的广泛传播。

扬州雕版印刷技艺保护工作出色,成果突出,集传承、保护、展示、传播为一体，建立精品传承、著述传承、教学传承等多种渠道，形成了全面、完整的保护体系，堪称“非遗”保护的楷模。

明代雕版印刷的继续发展

明朝是中国历史上也是当时世界上统一而又富强的大国。明初统治者一开始就采取偃武修文的政策，十分重视图书的收集和出版。

朱元璋曾下令将元代西湖书院所有宋元版片，全部运往南京，存于国子监，朱棣也曾遣使访购古今图书。1408年编成的“网罗无遗”的空前大类书《永乐大典》就是一例。

此类书广收各类图书自先秦至明初七八千种之多。同时，明代没有元代图书出版逐级审批的手续，允许“书皆可私刻”，只要有钱人人可任意刻印；还有文房业发达，纸墨生产丰富，因此刻书业甚盛。

明代的官刻部门很多。首先有“内府”，即在皇帝宫廷内刻印书籍。主持内府刻书的机构是司礼监，所刻书籍被称做“内府本”。后来司礼监扩大了机构，设立了经厂。经厂如同一个印刷厂，有刻字工、印刷工、折配工、装订工等，总人数上千人。

“经厂本”印刷品

经厂所刻书籍被称做“经厂本”。明代内府经厂共刻书约200种，这些官刻本，讲究精写精刻，纸墨均用上品，而且版框宽大，行格疏朗，字大如钱，看起来美观大方，舒畅悦目，又多加句读，便于诵读。

单从形式上看，不失为艺术精品。但是，因为主持司礼监和经厂的都是学识不高的太监，故校勘不细，错误颇多，学术价值不高。

刻印的内容多是作为“标准本”的“四书”、“五经”和明政府的政令政典，如1461年出版的明帝国官方志书《大明一统志》，以及1511年出版的法规汇编《大明会典》等。

还刻印了一些宣扬帝王言行著述的《皇明祖训》《御制文集》；告诫皇亲国戚和群臣的《外戚事鉴》《历代臣鉴》；教育皇宫中小太监、宫女的启蒙读物，如《百家姓》《千字文》《孝经》《论语》《孟子》及《女训》《女诫》等。

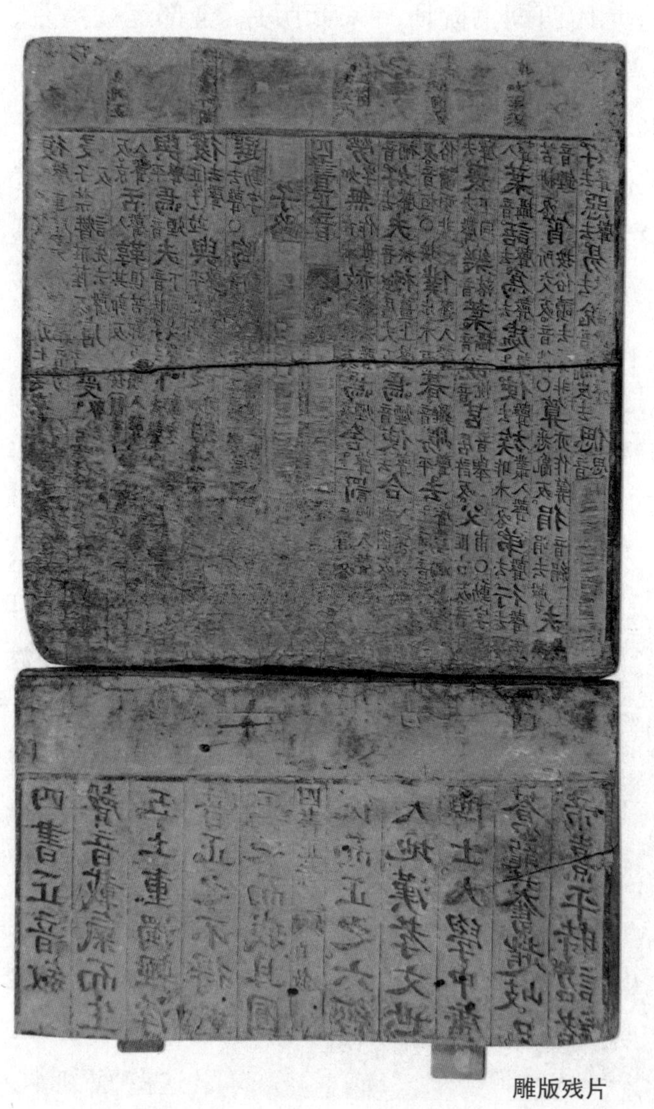

雕版残片

但是中央刻书最多的机构，还要数南京、北京两个国子监(简称南监、北监)。两监刻印了不下300种经史、地方志、法帖、类书以及医学、农业、科技书籍等。

其中最主要的是“十三经”“二十一史”。两监都曾一刻再刻，许多经书、史书之所以能广泛流传，两监之

功不可没。

不过北监所刻书籍无论在数量上和质量上都比不上南监，而南监刻印的史书，多据宋元旧版凑合而成。到了明中期以后，版片漫漶不清，国子监就惩罚犯了过错的学生出资补刻补修，刻得草率不堪，脱页、缺文、错字百出，印本墨色浓淡不一，被人称之为“大花脸本”。

北监又往往根据南监本重刻，又不依据其他善本校勘，以致以讹传讹，谬以袭谬；而且版式凌杂，字体时方时圆，大小不等，印本质量甚差，因而被人讥之为“灾本”。

这样的印本，自然不为藏书家所重视，而且引起版本学家的不满。有人不禁责问道：“吾不知当时祭酒、司业诸人亦何尸位素餐至于此也！”

此外，两京部院礼部、工部、兵部、都察院、太医院、钦天监等，也刻了不少书。

官府刻书，除中央机构外，地方上十三布政使司、按察使司、少数运盐使司及各府也都刻书。像扬州府刻书就有75种，杭州各官府刻书达140多种，苏州府刻书多达170多种，为全国各府之冠。

在各地官刻本中，值得大书一笔的，是以皇子身份分封到外地的藩王。他们既富有钱财，又有闲散精力，还拥有搜集善本和组织刻印的便利条件。

明代私家刻书的也不少，特别是嘉靖以后，更是盛极一时。那时许多士大夫以刻书为荣，有的刻印古籍秘本，有的刻印名家诗文，有的刻印宣扬祖德的家集。

像1525年江苏王延哲刻的《史记》，就是依据宋朝黄善夫的刻本。不但刻工精美，而且行款格式几可乱真，是《史记》复宋本的最佳本。

有以宋椠本至者，门内主人计叶酬钱，每叶出二百。有以旧抄本至者，每叶出四十。有以时下善本至者，别家出一千，主人出一千二百。这样，湖州一带的贩书商人，满载着一船船的古籍，送到毛晋

古代雕版印刷品

的家门口。当时常熟流行着一句谚语:“三百六十行生意,不如鬻书于毛氏。”

毛晋收藏的书达84 000册,有“海内藏书第一家”之称。他建造了汲古阁、目耕楼,将书藏在里面;其中多为宋代刻本,这就为他大规模校勘、出版书籍创造了条件。他大约从30岁起,就开始经营出版业,一直到他去世。40多年先后刻书600多种,书版多达109 000多块,为历代私家刻书之冠。他刻的书大多用宋本做底本,每本都有他写的跋语,介绍书的作者和编者,说明过去有哪些版本流传,他用的是什么版本,有什么优点。

因此他刻的书很受人欢迎,不但流行大江南北,连云南也远道来采购。当时有“毛氏之书走天下”之说,“一时载籍之盛,近古未有也”。

他校刻的“十三经”和“十七史”,开始于1628年,中间经过灾荒战乱,书版被“水火虫鼠,十伤二三”,他不断地“收其放失,补其遗亡”,直到清初1656年才完工,前后历时近30年。

在这个过程中,由于资金告竭,他不得不“捐衣削食”,“亟弃负郭田三百亩以充之”;若逢到“兵兴寇发,危如累卵”之时,要把书版分别藏在“湖边、岩畔、茆庵草舍”中,真是艰难之极。

他还刻印了自己编辑的大部丛书《津逮秘书》共15集，140多种书。该丛书所辑多是宋元人著作，偏重掌故琐记。他还根据北宋本翻刻了《说文解字》，使元明两代一直不曾出版过的几乎失传的书，得以重新流传世间，因而对语言文字学的研究贡献甚大。

其他如唐宋人诗词集，也都校勘不苟，雕印精湛。他印刷用的纸张，是江西造纸厂特造的，厚的称"毛边"，薄的称"毛太"。今天我们还沿用着"毛边纸"这个名词。

他不仅刻书，而且每遇到别人没有的世所罕见的宋元善本，必借来请书法高手，用好纸墨影写；名为影宋抄本，后人名为"毛抄"。

今故宫博物院有毛氏抄本，非常精致，比起原刻印本有过之而无不及。清代孙庆增著的《藏书纪要》中说："汲古阁影宋精抄，古今绝作。"由于毛晋首创了影抄法，后人争相仿效，遂使大量的宋元善本得以保留下真实面貌，为研究工作创造了条件。

毛晋苦心经营出版事业，40年如一日，他自己说："夏不知暑，冬不知寒，昼不知出户，夜不知掩扉。迄今头颅如雪，目睛如雾，尚矻矻不休。"因此被人誉为"典籍印刷之忠臣"。许多宋代刻本靠他翻刻得以流传下来，他对于古代文化的保存和传播做出了重大贡献。

毛晋雕像

不仅如此，他还是个好积德行善的人，家乡的"水道桥梁，多独力成之；岁饥，则连舟载米，分给附近贫家"。因此赢得"行野田夫皆谢赈"的称赞，可见他是个很富于同情心、热心助人的人。这样的为人，在那个时代也算难能可贵了。

明代私家刻书虽不乏精

品，但粗制滥造者也不少，“书帕本”就是最突出的例子。

还在南宋时，官场上就盛行送书的风气。地方官吏或幕僚离任时，总要把六朝史书《建康实录》和词总集《花间集》这两种书，作为赠送礼物送上，这已形成了定例，可以说开了明代“书帕本”的先声。

明代官场行贿之风极盛，行贿时，必以新刻书一本和手帕一块作为陪衬。比如京官奉使出差，回京时必刻一书，以一书一帕为馈赠礼品，这样才显得雅致些。

明代书坊多集中于南京、建阳、杭州、北京、徽州等地。

南京有书坊90多家，居全国之首。它们刻印了大量的戏曲、小说、传奇和民间应用类书。其中唐对溪的富春堂刻印的戏曲，据说就有百种之多，如《三顾草庐记》《岳飞破虏东窗记》《王昭君出塞和戎记》《管鲍分金记》《新刻出像音注花栏南调西厢记》《新刻出像音注花栏韩信千金记》等。这些书的版框四周有花纹图案，被称做“花栏”，打破了宋元以来传统的单边、双边的单调，增加了书籍的美观。

陈大来的继志斋也刻有戏曲10多种，如元人作品《黄粱梦记》，明人作品《玉簪记》，写的是南宋书生潘必正与陈娇莲争取婚姻自由的故事。和《旗亭记》（写北宋末年官吏董国度不愿为金人做官，与其妻子隐娘先后投奔南宋的故事等）。

各书坊所刻书籍总数可能有二三百种。各书坊刻印的小说有《三国志演义》《西厢记》《警世通言》等；刻印的应用类书籍有《针灸大成》《医方选要》《尺牍大全》和识字课本《四言杂字》

古籍印刷品

等。这些书大部分带有插图，销路很广，对活跃当时人民的文化生活起了一定的作用。

此外，金陵王氏槐荫堂还刻了图谱类的书《三才图会》。这是明代王圻和他的儿子王思义汇集诸书图谱编成的，分天文、地理、人物等14门，是图谱学的重要著作。

他还刻有明代梅膺祚编的字书《字汇》，该书收字33 179字，首次将《说文解字》创立的部首加以简化，并首创同部首的字按笔画多少顺序排列的方法，每字有注音，字义解释也通俗易懂，其编制体例对后世影响颇大。有堂号姓名可考的约有80多家。

许多书坊历史悠久，刻书很多。这些书坊都能根据读者的不同要求，编印出各种类型的书：一是诗文集汇注本。即把各家不同的注解，集编在一起，刻成一部书，使读者使用起来十分方便，不用翻阅很多不同注解的刻本。

二是通俗类书。为了使读者得到一部书，就能获得丰富的知识，编印者广采博收，按内容分门别类，大量刻印了日用参考的通俗类书，如《事林广记》《居家必用》等。

三是插图本。为了使读者明了文字内容，引起阅读兴趣，编印者刻印了许多插图本书籍，如《全像三国志演义》《全像牛郎织女传》《水浒传》等书都是上图下文；而《新刊图像音释唐诗鼓吹大全》《出相唐诗》则是上图下诗。

这些连环画式的图书，都是深受读者欢迎的畅销书。不过万历以前，所刻书籍多是经史之类；到了万历年间(公元1573—1619年)刻印的民间读物才日渐增多。

建阳开设书坊最多的是余、刘、熊三姓，三姓开设书坊近40家。他们除刻印经、史、文集、医书、类书外，还自己编写、刻印了许多演义小说。如双峰堂的主人余象斗，经他编著和刊行的小说就有《西游记》《列国志传》《三国志传评林》《东西晋演义》《大宋中兴岳王传》等。

建阳书坊之盛与南京不相上下，仅在公元1545年所刻书籍就多

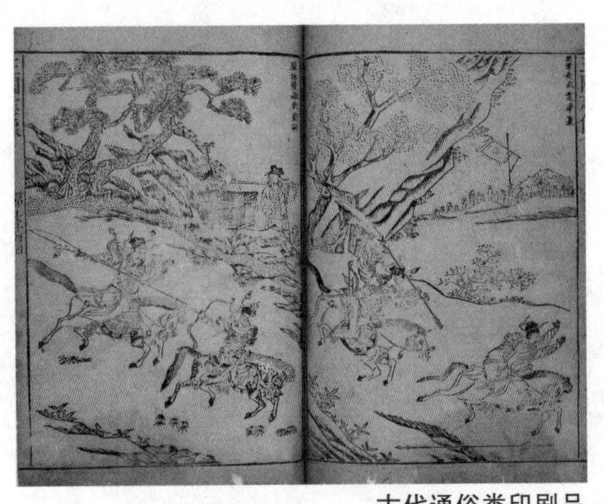

古代通俗类印刷品

达451种，特别是所刻小说、杂书、医书，超过了南京书坊。

不过，建本依然存在着只求数量、不重质量、校勘不精的老毛病，以致引起政府出面干涉，下令“五经”“四书”这类科举考试用书，只准依照“钦颁官本”照式翻刻，不准另刻，否则“拿问重罪，追版铲毁，决不轻贷。”但是瑕不掩瑜，建本对文化的普及是有贡献的。

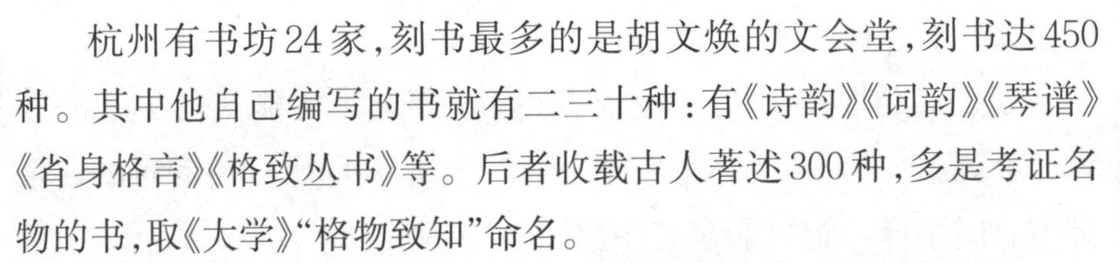

至于杭州、北京的书坊，数目就少多了。

杭州有书坊24家，刻书最多的是胡文焕的文会堂，刻书达450种。其中他自己编写的书就有二三十种：有《诗韵》《词韵》《琴谱》《省身格言》《格致丛书》等。后者收载古人著述300种，多是考证名物的书，取《大学》“格物致知”命名。

杭州还有容与堂书坊，刻印了很多戏曲传奇小说，大都题名“李卓吾评”，如《李卓吾先生评忠义水浒传》等，刻印都很精美。

中国的雕版印刷工艺，是一项有着悠久历史、影响深远的艺术工艺。这种印刷方式，为今天留下了丰富的文化典籍。比起历史上的拓片、甲骨文、手抄图书，它是有进步意义的。尤其是它的工艺流程，和我国历史上的另一项传统工艺——篆刻，也是多有相通之处的。如篆刻使用的载体无非是金石和木料，同样的，也是先在载体上写反字，待刻好后，印刷出来的字就是正字了。

篆刻里面提到了阴文与阳文，在雕版里面也同样是如此的，我国的民间艺人刻章，在过去，一般就都刻在木头上的，然后再印到纸上，这和中国的雕版印刷，在原理上确实是相通的。民间有句俗话：“能雕版的人，篆刻自然也会；但是会篆刻的人，就未必会雕版”。相对而言，在木头上刻字要比在石头上困难些。

我国的劳动人民很聪明，他们通过制作拓片、篆刻印章，就想到了用这些工艺的原理进行印刷书籍，所以，篆刻和拓片，在一定程度上而言，可以说是雕版印刷技术上的始祖。所谓“雕版与篆刻本是同根所生”，这个俗话就证实了这一点。

雕版印刷的出现，推动了我国封建社会文化事业的发展。正因为它的出现，中国的许多著名的文化典籍，如唐诗宋词、各类文集、元代散曲、明清小说等等，才得以保存了下来，为后人的研究和学习，提供了许多方便。

它丰富了我国的文化典籍，而不是因此让更多的书从此失传。从这个意义上说，它对中国文化是影响很深的。我们现在学习雕版印刷这门技术，也决不仅仅是知道怎么刻字、刻板，而是从自己一刀一刀的实践过程中，去感悟中国的传统文化和艺术工艺，以便更好的将它在社会主义的今天，慢慢继承和发扬光大。

科科学技术的发展，必然会造成一些传统的东西被高科技所替代。可是，有些东西却是高科技所永远带不走的。中国的雕版印刷技术，已经走过了一千多年的历史之路了，我们现在虽然不在用它来印刷现在书了，但是，它的魅力却是无穷的。如何将这项工艺继承并发扬光大，这个就是值得我们去思考的问题了。

迷你知识卡

罗洪先

明代学者，杰出的地理制图学家。一生奋发于地理学等科学的研究，用以计里画方之法，创立地图符号图例，绘成《广舆图》。

传统木结构营造技艺

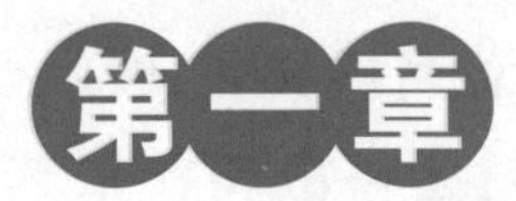

中国传统建筑以木结构框架为主

传统木结构营造技艺

中国传统建筑是以木结构框架为主的建筑体系，以土、木、砖、瓦、石为主要建筑材料。

营造的专业分工主要包括：大木作、小木作、瓦作、砖作、石作、土作、油作、彩画作、搭材作、裱糊作等，其中以大木作为诸“作”之首，在营造中占主导地位。

中国匠师在几千年的营造过程中积累了丰富的技术工艺经验，

中国传统建筑

古代营造技艺高超

在材料的合理选用、结构方式的确定、模数尺寸的权衡与计算、构件的加工与制作、节点及细部处理和施工安装等方面都有独特与系统的方法或技艺,并有相关的禁忌和操作仪式。

这种营造技艺以师徒之间"言传身教"的方式世代相传,延承至今。

中国传统木构架建筑相比西方古典的石结构、混凝土结构的建筑来讲,整体耐久性较差,保存较难。这就使得木结构建筑的维修、翻建、重建的频率很高。

若相应的传统营造技艺消失,那么遗存至今的传统建筑,包括大量的文物建筑也终将消亡。

中国传统木结构建筑是由柱、梁、檩、枋、斗拱等大木构件形成框架结构承受来自屋面、楼面的荷载以及风力、地震力。

至迟在公元前2世纪的汉代就形成了以抬梁式和穿斗式为代表的两种主要形式的木结构体系。这种木结构体系的关键技术是榫卯结构,即木质构件间的连接不需要其他材料制成的辅助连接构件,主要是依靠两个木质构件之间的插接。

这种构件间的连接方式使木结构具有柔性的结构特征,抗震性强,并具有可以预制加工、现场装配、营造周期短的明显优势。而榫卯结构早在距今约七千年的河姆渡文化遗址建筑中就已见端倪。

抬梁式木结构的特点

抬梁式木结构的特点是在柱头上插接梁头,梁头上安装檩条,梁上再插接矮柱用以支起较短的梁,如此层叠而上,每榀屋架梁的

抬梁式木结构

总数可达5根。

当柱上采用斗拱时，则梁头插接于斗拱上。这种形式的木结构建筑的特点是室内分割空间比较容易，但用料较大。广泛用于华北、东北等北方地区的民居以及国内大部分地区的宫殿、庙宇等规模较大的建筑中。

穿斗式木结构的特点

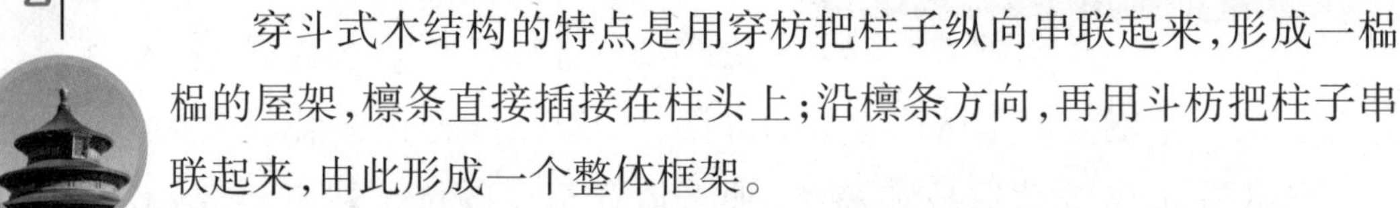

穿斗式木结构的特点是用穿枋把柱子纵向串联起来，形成一榀一榀的屋架，檩条直接插接在柱头上；沿檩条方向，再用斗枋把柱子串联起来，由此形成一个整体框架。

这种形式的木结构建筑的特点是室内分割空间受到限制，但用料较小。广泛应用于安徽、江浙、湖北、湖南、江西、四川等地区的民居类建筑中。

还有一种抬梁式与穿斗式相结合的混合式结构，多用于上述南方地区部分较大的厅堂类或寺庙类建筑中。

战国时期，重要建筑出檐的进深都较大，最大的可达4米；所使用的是以斗拱作为悬臂梁承托出檐部分重量的结构技术。在随后

天坛

斗拱的应用中，又以梁柱与“铺作斗拱层”相结合的技术，支撑大开间大进深的殿堂类建筑的屋顶。

除了单层建筑外，东汉时期出现的纯粹木构架结构的多层楼阁和多层木塔，也是使用相同的结构技术。这说明这种木结构技术具有很大的适用性。

中国传统木结构建筑在隋唐宋时期逐步程式化、标准化、模数化。

以宋代《营造法式》的出现为标志，总结出了一整套包括设计原则、类型等级、加工标准、施工规范等完整的营造制度，并以八等级“材”作为模数标准。这是中国传统木框架结构营造技艺的一个里程碑。

出檐建筑

但至此，木结构技术的发展并没有停步，在元代出现了“减柱法”，大胆地抽去若干柱子，并用弯曲的木料做梁架构件；或取消室内斗拱，使梁与柱直接连接；不用梭柱与月梁，而用直柱与直梁等等。

这些措施都节省了木材，并使木结构进一步加强了自身的整体性和稳定性。即使在建筑中使用斗拱，用料也相应地减小了。

明清时期为了进一步节省木材，木结构营造技艺又出现了一些明显的变化。宋元时期以来习惯使用的那种向四角逐柱升高形成“升起”，以及檐柱柱头向内倾斜形成“侧脚”的做法逐渐被取消。

斗拱结构功能逐渐退化或减弱，并充分利用梁头向外出挑来承托本已缩小的屋檐重量；大型建筑的内檐框架基本摆脱了斗拱的束缚，使梁柱直接插接；抬梁式建筑屋角部梁架的构造通行顺梁、扒

斗拱结构建筑

梁、抹角梁方法。

用水湿压弯法，使木料弯成弧形檩枋，供小型圆顶建筑使用；木构件断面尺寸变小，并用小尺寸短木料对接或包镶，拼合成高大的木柱，供楼阁建筑做通柱使用；苏州等江南一带用圆木做梁架、多层楼阁框架等。

各地民间建筑也普遍发展，营造水平相应提高。又以明代《鲁班营造正式》和清代工部《工程作法》的出现为标志，后者以十一等级“斗口”为模数，形成对今天仍影响深远的有别于宋元时期以前的传统木结构营造技艺。

传统建筑以梁柱为代表

中国传统建筑最重要的外观特征，也是以梁柱为代表的木结构框架体系，建筑的内在结构与外观形象的逻辑关系统一鲜明。这一特征又具有外观形象上明确的认知感和识别性。

宫殿和庙宇的建造是社会性物质与文化生活中的重要内容，具有民族文化高度的认同性，包括其中的营造技艺。这类官式建筑一般由专业工匠建造，在建造过程中所需要的图纸只有外观形象和控制尺寸；其建筑材料、构件内容、模数尺寸、加工与装配方法、禁忌与仪式等，靠工匠的传习和对口诀的记忆来实现，具有清晰明确的认同感和持续感。

民居的建造是乡镇居民物质与文化生活中的重要内容。以家族为单位的民居的建造都是由工匠、家族成员和乡邻好友共同完成,辈辈相因至今。

主要的建造材料是就地取材。既有一向通用的营造技艺,又具有明显的地方性特征。有些所使用的工具就是平时生产中的工具,如锹、镐、斧、锯等。

在营造的过程中完全不需要设计图纸,只是根据家庭的需要、用地条件和经济条件等实际情况,直接由工匠领头建造。

民居建筑的营造方式与技艺被居民视为生活中不可或缺的传统文化。其构件内容、模数尺寸、加工与装配方法,包括禁忌与操作仪式等均被工匠烂熟于心,并为大众所熟知;在相应的地方族群中具有清晰的认同感和持续感。

中国传统木结构建筑的营造技艺,始终处于承传与变化相交织的动态发展进程中。宋代的《木经》《营造法式》,明代的《鲁班营造正式》,清代的《工程作法》和现代的《营造法原》都是对上述相关内容阶段性、地域性或专业性内容的记录和总结。

即使在今天,城市园林建筑、寺庙与宫殿建筑、广大乡镇地区的民居建筑等,依然普遍使用上述营造技艺,体现了中国传统建筑营造技艺内在的生命活力。

随着现代社会的高度发展,世界的面貌以及生存方式正在迅速地变化着;特别是全球化和城市化的进程在提高着人们总体的生活质量的同时,也正在摧毁着很多有益的传统文化,包括某些符合

拱式建筑

寺庙建筑

可持续发展的生产与生活方式。

在中国，现代化的建设内容以及相应的生存方式的改变，也正在严重地挤压着传统木结构建筑以及相应的营造技艺的生存空间。

虽然这类建筑在中国某些地区的民居以及宫殿、寺庙和园林中还得以营造，相应的营造技艺还得以延续和应用，但我们不能忽视全球化和城市化进程所导致的技艺性文化遗产的大量消失给社会所带来的负面效应。

从另一个角度讲，若中国传统木结构建筑营造技艺在今天全球化和城市化的历史潮流中逐渐消失，那么相应的营造内容也会逐渐停止；特别是与广大乡民和工匠最相关的生存方式也必然会逐渐消失，从而最终导致这一独特性的社会文化彻底消亡。

香山帮——传承千年的建筑流派

2009年9月28日至10月2日在联合国教科文组织保护非物质文化遗产政府间委员会第四次会议中，审议并批准了列入《人类非物质文化遗产代表作名录》的76个项目，其中包括中国申报的22个项目；审议并批准了列入《急需保护的非物质文化遗产名录》的12个项目，包括中国的3个项目。

由苏州“香山帮”传统建筑营造技艺等多项目打包的中国传统木结构营造技艺正式入选《人类非物质文化遗产代表作名录》。

中国传统木结构营造技艺是以木材为主要建筑材料，以榫卯为木构件的主要结合方法，以模数制为尺度设计和加工生产手段的建筑营造技术体系。

营造技艺以师徒之间“言传身教”的方式世代相传，由这种技艺所构建的建筑及空间体现了中国人对自然和宇宙的认识，反映了中国传统社会等级制度和人际关系，影响了中国人的行为准则和审美意向，凝结了古代科技智慧，展现了中国工匠的精湛技艺。

这种营造技艺体系延承七千年，遍及中国全境，并传播到日本、韩国等东亚各国，是东方古代建筑技术的代表。

香山帮是吴文化的产物，是明清以后中国传统建筑在江南的重要流派。在中国园林史上，有两部经典著作，一部是《园冶》，它出自著名的造园大师计成，他是苏州同里人。还有一部叫《长物志》，是专门研究园林内部装修和陈设布置，作者文震亨是苏州城里人，吴门画派领袖人物文征明的曾孙。

历史上曾涌现过不少大师，如塑圣杨惠之、蒯祥和姚承祖等。蒯祥主持明皇宫三大殿、天安门和王府六部衙署的营造，发明创造了“金刚腿”，被宪宗皇帝誉为“蒯鲁班”。

蒯祥为明代吴县香山人，生于明惠帝朱允炆建文元年，是北京

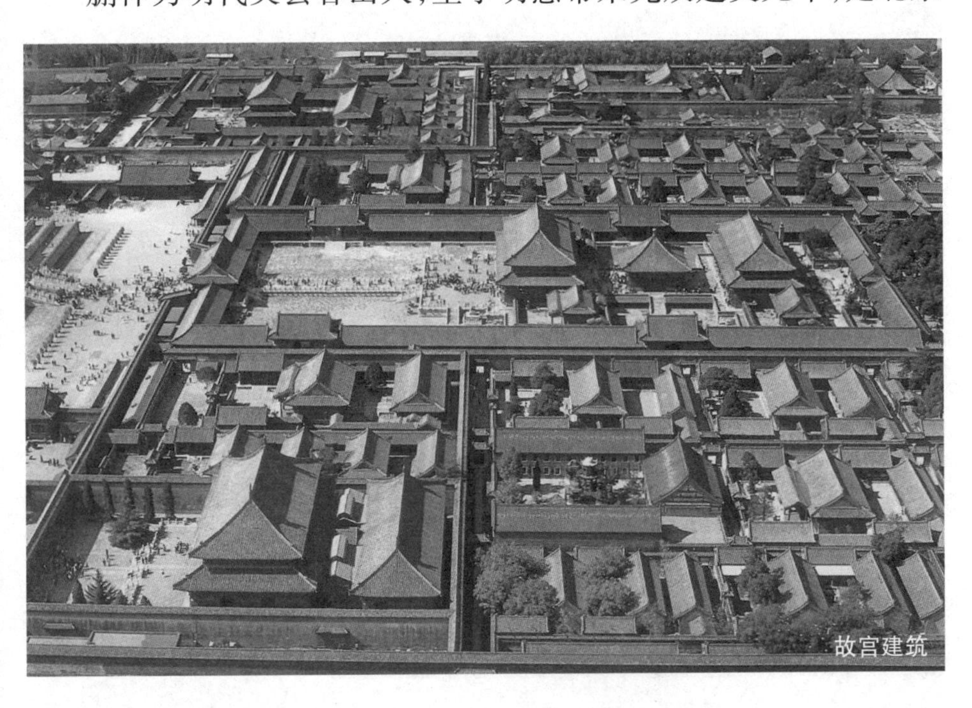
故宫建筑

故宫、五府六部衙署、长陵等建筑的营造者。

天安门城楼

蒯祥设计天安门是历史的机遇。当年朱棣迁都北京,从江苏招募了大批能工巧匠前往。蒯祥正当壮年,技艺高超,故被征召入京。进城后,蒯祥的才能获得当时负责皇宫营建的都督佥事的赏识,于是被委以重任,由他设计了三大殿、天安门等一批重要的皇宫建筑。

蒯祥一时声誉鹊起,官至工部侍郎,成为天下百工的总领头。据考,蒯祥曾读过几年私塾,有一定的文化修养,而他的技艺更是了得,木匠、泥匠、石匠、漆匠、竹匠,五匠全能。关于蒯祥的民间传说很多,其中心总离不了蒯祥如何鬼斧神工。

姚承祖的传世之作有现存怡园的藕香榭、灵岩山寺的大雄宝殿、香雪海的梅花亭,他最大的成就是撰成《营造法原》,这部记述香山帮传统技法的专著被国人誉为“中国苏派建筑的宝典”。

苏州园林

香山帮是一个传承千年的建筑流派,到明清时期达于鼎盛。北京故宫、天安门和苏州园林等举世闻名、精美绝伦的建筑均是以蒯祥、姚承祖等为杰出代表的苏州香山帮匠人所造，香山帮凭借这些建筑作品在中华建筑史上留下了光辉的篇章。香山帮建筑的特点是色调和谐、结构紧凑、制造精细、布局机巧。

后来由于西方建筑文化的渗透，香山帮逐渐衰落。近几年来虽恢复了一些生机，但仍未摆脱濒危的困境。匠人收入低、劳作苦，传统营造技艺后继乏人，亟待采取措施予以保护，才能确保其传承有序。

传统木结构建筑是由柱、梁、檩、枋、斗拱等大木构件形成框架结构承受来自屋面、楼面的荷载以及风力、地震力。

其关键技术是榫卯结构，即木质构件间的连接不需要其他材料的辅助构件，主要是依靠两个木质构件之间的插接。

元代出现了“减柱法”，大胆地抽去若干柱子，并用弯曲的木料做梁架构件；或取消室内斗拱，使梁与柱直接连接；不用梭柱与月梁，而用直柱与直梁等等。

又以明代《鲁班营造正式》和清代工部《工程作法》为标志，形成了有别于宋元时期以前的传统木结构营造技艺。中国传统木结构建筑的营造技艺，始终处于承传与变化相交织的动态发展进程中。

中国传统木结构技艺，在材料的合理选用、结构方式的确定、模数尺寸的权衡与计算、构件的加工与制作、节点及细部处理和施工安装等方面，都有独特与系统的方法或技艺，并有相关的禁忌和操作仪式。

古代建筑典范

情系唐代木结构建筑的大师

很多中国人都到过纽约曼哈顿岛的联合国大厦。1952年这座大厦建成的时候，在来自世界不同国家的十位建筑大师当中有我们中国的建筑师梁思成先生。

梁思成1901年生于日本。他的父亲是著名的儒学大师，也是清末的改革家梁启超。清华大学毕业之后，梁思成到宾夕法尼亚大学学建筑，后来又在哈佛大学做研究生的工作。在美国期间他发现中国的建筑经典，其中唐代以前的木结构建筑很少在建筑史上有记载。回国之后梁思成开始了一生的对于中国古典建筑的研究、探索和保护工作。

北平旧景

1937年6月的一天，北平尽管空气中有一丝紧张和不安，但大多数北平人还保持多年来形成的生活节奏。

北平旧建筑

居住在北总部胡同三号的梁思成一家，正要忙着准备出发去山西五台山。他们此行的目的是搜寻一座可能兴建于唐代的寺庙——大佛光寺；在此之前还从来没有人发现过保存完好的唐代木结构建筑。

宛平城外，日军正在进行实弹军事演习，演习的内容就是攻克北平。在此之前他们已经在卢沟桥一带制造了多起事端，都因为中国军队保持克制而没有扩大事态。可是一切迹象都表明，战争已经临近了。

梁思成并不是不关注时事，但是全部精力都投在即将进行的考察上。他那年36岁，是中国近代大思想家梁启超的长子，当时他是中国第一个研究中国古代建筑的学术机构营造学社的重要成员，任法事部主任。

建筑是民族文化的结晶，是凝动的音乐，是永恒的艺术。

1937年6月22日，他们出发了。因为小时候遭遇车祸留下了后遗症，梁思成的背部微微有点驼，一只脚略微有点跛，但他始终保持着充沛的活力。

梁思成、林徽因像

他的夫人林徽因也出生名门，是30年代中国有名的才女，和梁思成志同道合。

1924年，梁思成和林徽因共赴美国费城的宾夕法尼亚大学留学。日后梁思成回忆说:“当我第一次去拜访林徽因时，她刚从英国回来。在交谈中，她谈到以后要学建筑，我当时连建筑是什么还不知道；徽因告诉我，那是包括艺术和工程技术为一体的一门学科。因为我喜爱绘画，所以我也选择了建筑这个专业。”

建筑是民族文化的结晶

1927年，梁思成获宾夕法尼亚大学建筑学硕士学位。

佛光寺真的存在吗？如果能真的找到唐代古寺，对中国建筑史来说将是最重大的发现。

1927年到1937年的十年，被称为中国资产阶级的黄金时代，民族经济接触现代科技进入了一个繁荣期，西方世界的物质文明大量涌入，动摇了中国文化界对本土文化的信心，而将目光投向了西方，忽视了对传统的注视。

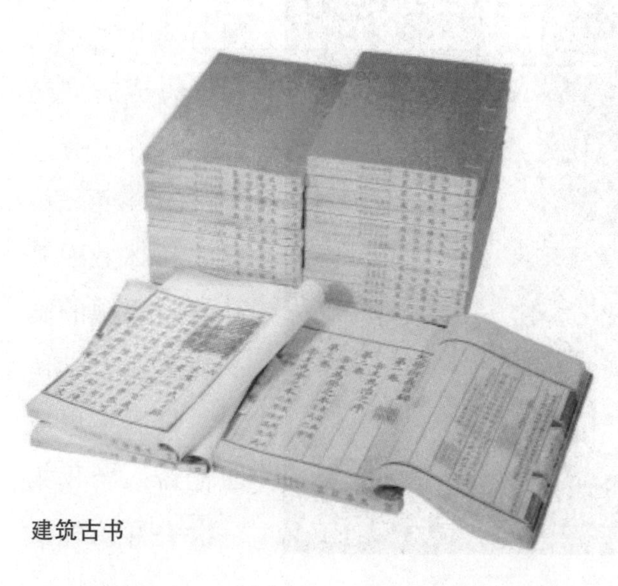
建筑古书

1925年，梁启超把一本新近发现的古书寄给梁思成，在扉页上梁启超写到：“一千年前有此杰作，可为吾族文化之光宠。”这本书叫《营造法式》，作者是宋徽宗的工部侍郎李诫，著于公元1100年。它完整记录了当时宫殿建筑的各种建造图例和标准，是迄今为止中国最早的一部建筑标准手则。

梁思成立即读了这本书，在一阵惊喜之后又感到莫大的苦恼。里面有太多术语还无法读懂，但他已经看到，研究中国建筑史的一扇大门已经打开。对于这本书的解读和研究，伴随了梁思成整整一生。

梁思成曾经说过，一个民族的自大和自卑，都源自于对于本民族历史文化的无知。只有了解自己的过去，才能够站在客观的立场上，产生深沉的民族自尊。

在过去我们大多数中国人的观念当中，建筑不是艺术，顶多是一些工匠们的手艺活而已；正是有了像梁思成教授这样的一代建筑宗师和建筑教育家，我们才真正开始了一种对于中华民族建筑美学的认识。

从宾夕法尼亚大学毕业之后，梁思成决定转入哈佛大学研究生院，准备完成一篇中国宫殿式的博士论文。在这个过程里，梁思成发现，中国建筑史的研究还是一片空白。

1928年2月，他告诉导师为了完成论文，必须回国去实地考察搜集资料。从此以后，梁思成回到了祖国，开始了他树立中国建筑史的事业。

1937年6月26号，梁思成一行人从北平乘火车到达太原，然后再乘坐公共汽车，在平原上经过三四个小时路程后到达五台县城。从五台县到佛光寺，梁思成他们走了整整一天。骑着驴行进在崎岖的山崖小道上，坡陡路窄，十分艰难，像

独乐寺

这种探险般的野外考察,梁思成五年前就已经开始了。

当时他刚刚加入营造学社,引发他们第一次实地考察的是一张照片。当时在北平的古楼展出了一张蓟县独乐寺照片,梁思成的同窗好友杨平宝看到以后告诉了梁思成,梁思成被照片中的巨大斗拱所震惊,他想这也许是一处早年的建筑物,他决定实地去考察一下。

1932年4月,梁思成和两位营造学社的同事,终于从北平出发,前往约80千米以外的河北省蓟县独乐寺。经梁思成考证,独乐寺始建于公元984年,是当时已知年代最早的木结构建筑。对独乐寺的实地考察,在当时是一个创举。

这种方法意味着不坐在家中单纯以文字方式研究,而是走出去实地考察和寻找测量古代建筑,这是中国人用科学的方法,从实物中研究中国建筑的开始。第一次实地考察就获得如此重大的发现,这让梁思成兴奋异常;他迫切想知道,是否还有唐代木结构建筑。

日本学者曾断言,中国已不存在唐以前的木构建筑,要看唐制木构建筑,人们只能到日本奈良。伊东忠太,日本近代建筑史史学博士,1936年,也就是"七七事变"爆发前一年,他在新出版的中国建筑史上提出一种观点:"究广大之中国,不论艺术,不论历史,以日本人当之皆较适当。"其言下之意是,中国人不具备研究自己历史和艺术的能力。

唐代建筑

在二十世纪那段艰难岁月中,中国面对国土被侵略,文化要丧失的双重危机。这时梁思成偶然看到一本画册,敦煌石窟图录。这是法国汉学家博西河在敦煌石窟实地拍摄的。他看到117号洞中，有一张唐代壁画，五台山图，绘制了佛教圣地五台山的全景，并指出了每座寺庙的名字，其中有一座，叫大佛光寺。

这让梁思成看到了发现唐代建筑的希望。1937年6月，梁思成和他心中的佛光寺越来越接近了。唐代建筑艺术是中国建筑发展的一次高峰，在建筑历史研究上也有着重大意义。可是由于年代久远，自然灾害和人为破坏，都使建筑的保存极为艰难。

从1932年到1937年间，梁思成已实地考察了137个县市，1823座古建筑。可是他一直期望发现的唐代木结构建筑，却一直从未出现过。

梁思成在文章中写到：自十九世纪中叶以来，中国屡败于近代列强，使中国的知识分子和统治阶级对于一切国粹，都失去了信心。

风格大气的唐代建筑

古老的被抛弃了，佛教和道教被斥为纯粹的迷信，许多庙宇被没收并改做俗用，被反对传统的官员们用做学校、办公室、谷仓，甚至成了兵营，军火库和收容所。毫无纪律的大兵们，由于缺少燃料，竟把一切可拆的部件，隔扇、门、窗、栏杆甚至斗拱都拆下来烧火做饭。

在漫长的历史岁月当中，很多古典建筑精品遭到了搬迁甚至毁坏的命运，想到这一点梁思成真是痛心无比。那么他的问题是到底唐代木结构建筑在中国还有没有被留存下来。

在北京大学图书馆的资料当中梁思成发现，大佛光寺应该就在五台山的外围，可是一千多年前的建筑又是木结构，还能不能幸运

佛光寺旧址

的留存下来。

梁思成这时候认为必须抓紧时间,赶快去找到大佛光寺,否则它很有可能毁于敌人的战火。

佛光寺,在1937年的夏天,梁思成走完了一段漫长的发现之路来到它的面前。当年寻找佛光寺的四人中,梁思成、林徽因、季雨唐都已去世,最后一位见证人建筑学家莫宗江教授,也因癌症住进了北大附属医院无法接受采访。

1962年前那次建筑史上最辉煌发现的具体情形,我们已无法听到当事人的回忆,唯一的依据便是梁思成1944年10月发表在营造学社会刊的《记五台山佛光寺建筑》。,1937年6月22日黄昏时分,梁思成一行到达豆村附近,这就是《敦煌图窟录》一书中标有大佛光寺的大致位置,当年人烟稀少的豆村今天已成为豆村镇,有一万多人口,在镇中

北京大学图书馆

唯一的交叉路口，标明于此往北约五千米处，便是佛光寺所在。

这段五千米的砂石路，直到今天游人还很少，正如梁思成当年所判断的那样，交通不便，香火冷落，寺僧贫苦，所以修理装饰都很困难。而正是这些原因，使佛光寺这座古老的建筑得以保存。

终于在1937年6月26日，大佛光寺向梁思成展示了它辉煌壮美的身姿。

它是一座雄伟的建筑，它有巨大、坚固和简洁的斗拱，超长的屋檐，一眼就能看出其年代已久远。但它能比我们以前发现的木建筑更古老吗？难道它就是敦煌石窟壁画中，所展示的佛光寺吗？难道它就是我们梦寐以求的一座唐代木结构建筑吗？高大的门登时就被我们打开了，里面宽阔，豁然开朗，在昏暗中显得更加辉煌无比。

然而真正的调查和判断是困难的。它究竟是不是唐代木构建筑，究竟建造于何年，千年的沧桑变迁中，它是否被后世彻底改建过。

6月27日，艰难的考证工作开始了。

佛光寺正殿居于十多米的高台之上，正殿横长三十四米，内殿纵深二十米；殿中有一座巨大的佛坛，赫然耸立佛像三十余尊，周边是一圈五百罗汉的塑像，整座殿宇净高近九米。

塑像、斗拱、梁架、藻井，以及雕花的柱础都看过了，无论是单个还是总体，它们都明白无误地显示了晚唐时期的特点。

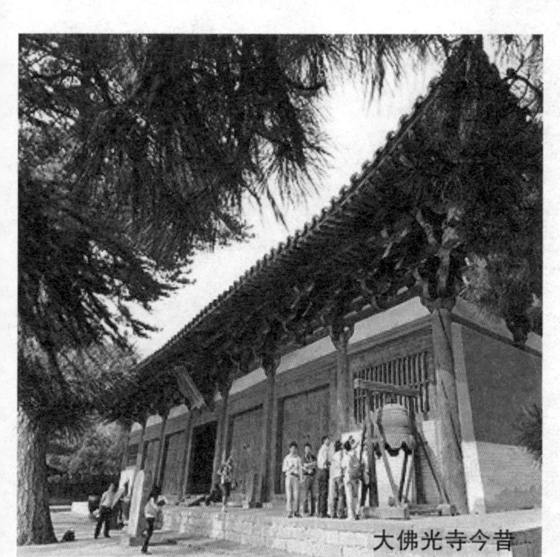
大佛光寺今昔

这时候，梁思成他们焦灼想知道它的确切建造年代。

当梁思成踏进屋檐下的空隙时，他的手电筒找到了一个重大的发现。他们忽然看见梁架上，有古法“叉手”的做法，是国内木构中的孤例，这种做法只有在唐代绘画中才有。这样的意外，又使他们如获至宝。

大佛光寺正殿速写

当他们终于从屋檐下钻出来呼吸新鲜空气的时候，发现在背包里爬满了千百只臭虫。可是发现的重要性和意外收获，使得这些日子成为他多年来寻找古建筑中最快乐的时光。

6月28日，也就是梁思成在佛光寺的第三天，他们终于有了最重大的发现。林徽因在一根大殿梁的根部，注意到了有很淡的墨迹。

这个发现对他们有如电击一般，没有比写在梁柱上或刻在石头上的日期更让人喜欢的东西了！那富丽堂皇的建筑已在面前，但怎样确认它的建造日期呢？

唐朝从公元618年，一直延续到公元906年，现在这带有淡淡字迹的木头，即将提供盼望已久的答案。

横梁“叉手”

林徽因从下面各个角度辨认离地两丈有余的横梁上的字迹，她依稀地看到“佛殿主女弟子宁公遇”，原来出资建造这座庙宇的，是一位女施主。

同样身为女性的林徽因激动担心，是否是自己的想象产生了幻觉，她快步跑出大厅，在她记忆中，外面台阶前面的金桩上似乎有同样的字迹，这绝不是一个偶然的巧合。

在那座现在完全保护的顶桩上，赫然写着同样的句子："佛殿主女弟子宁公遇"，金桩上刻着的年代是唐大中十一年，相当于公元857年，横梁和金桩上的字迹吻合在了一起。

那个身着便装，坐在平台一端，被巨大天王像挡住的女人，并不是僧人说的武则天，而正是出资建殿的施主，宁公遇本人。

佛光寺，一座建造在唐代857年的木结构建筑。那天夕阳西下，映得佛光寺一片红光，这是梁思成开始野外调查以来最高兴的一刻。他们将带去的全部的应急食品，沙丁鱼、饼干、牛奶、罐头统统打开，庆祝当时这一伟大发现。

这是他们这些年的搜寻中所遇到的唯一唐代木构建筑。不仅如此，在这同一座大殿里，他们找到了唐朝的绘画、唐朝的书法、唐朝的雕塑和唐朝的建筑。个别地说，它们是稀世之珍，但加在一起，它们就是独一无二的。

年仅36岁的梁思成，站在这座辉煌的古庙前，激动不已。而战争来了，这一中国建筑史上最伟大的发现，顿时显得无足轻重，整个民族在为生存而流血。作为一个建筑学者的梁思成，只能以执著而漠然的方式，完成了他那一代人应该完成的发现。

迷你知识卡

梁思成

中国科学史事业的开拓者，著名的建筑学家和建筑教育家，他毕生从事中国古代建筑的研究和建筑教育事业。系统地调查、整理、研究了中国古代建筑的历史和理论，是这一学科的开拓者和奠基者。

第二章 中国传统建筑营造技艺

中国古代木结构建筑特征

现存建筑实例最早不过唐代，亦即中国建筑成熟时期以后直到二十世纪初的建筑。唐代以前的建筑，只能从考古发掘出来的一些建筑遗址，以及各种艺术品所描摹的建筑形象等间接资料中知其大略。

纵横的梁枋

中国古代建筑在结构方面尽木材应用之能事，创造出独特的木结构形式。以此为骨架，既达到实际功能要求，同时又创造出优美的建筑形体，以及相应的建筑风格。

以立柱和纵横梁枋组合成各种形式的梁架，使建筑物上部荷载均经由梁架、立柱传递至基础。

墙壁只起围护、分隔的作用，不承受荷载；所以门窗等的配置，不受墙壁承重能力的限制，有“墙倒屋不塌”之妙。

用纵横相叠的短木和斗形方木相叠而成的向外挑悬的斗拱，本是立柱和横梁间的过渡构件，逐渐发展成为上下层柱网之间或柱网和屋顶梁架之间的整体构造层，这是中国古代木结构构造的巧妙形式。

自唐代以后，斗拱的尺寸日渐减小，但它的构件的组合方式和比例基本没有改变。因此，建筑学界常用它作为判断建筑物年代的一项标志。

中国古代的宫殿、寺庙、住宅等，往往是由若干单体建筑结合配置成组群。无论单体建筑规模大小，其外观轮廓均由阶基、屋身、屋顶三部分组成：下面是由砖石砌筑的阶基，承载着整座房屋。立在阶基上的是屋身，由木制柱额做骨架，其间安装门窗隔扇；上面是用木结构屋架造成的屋顶，屋面做成柔和雅致的曲线，四周均伸展出屋身以外，上面覆盖着青灰瓦或琉璃瓦。西方人称誉中国建筑的屋顶是中国建筑的冠冕。

历代殿堂外观演变

单体建筑的平面通常都是长方形，只是在有特殊用途的情况下，才采取方形、八角形、圆形等；而园林中观赏用的建筑，则可以采取扇形、万字形、套环形等平面。

斗拱飞檐

屋顶有庑殿、歇山、录顶、

悬山、硬山、攒尖等形式，每种形式又有单檐、重檐之分，进而又可组合成更多的形式。各种屋顶各有与之相适应的结构形式。

各种单体建筑的各部分乃至用料、构件尺寸、彩画都是标准化、定型化的，在应用上，要遵照礼制的规定。

宋《营造法式》中对各种单体建筑做了概括的原则的记述。清工部《工程做法》对官式建筑列举了27种范例，对应用上的等级差别、做工用料都做出具体规定。

这种定型化的建筑方法对汇集工匠经验、加快施工进度、节省建筑成本固然有显著作用，但后继者遵制法祖，则妨碍了建筑的创新。

中国古代建筑组群的布局原则是内向含蓄的、多层次的，力求均衡对称。一组建筑中的主要建筑物通常是主要人物的主要活动场所，这一点可以从形体、装饰、配属建筑等看出来。

由于建筑群是内向的，除特定的建筑物如城市中的城楼、钟鼓楼等外，单体建筑很少是露出全部轮廓，使人从远处就可以看到它的形象。

因此，中国建筑的完整形象必须从组群院落整体去认识。每一个建筑组群至少有一个庭院，大的建筑组群可由几个或几十个庭院组成，组合多样，层次丰富，也就弥补了单体建筑定型化的不足。

建筑组群的一般平面布局取左右对称的原则，房屋在四周，中心为庭院。大规模建筑组群平面布局更加注重中轴线的建立，组合

古代建筑组群院落

梁柱框架

形式均根据中轴线发展。

甚至城市规划也依此原则，以全城气势最宏伟、规模最巨大的建筑组群作为全城中轴线上的主体。唯有园林的平面布局，采用自由变化的原则。

中国建筑的室内间隔可以用各种隔扇、门、罩、屏等便于安装、拆卸的活动构筑物，能任意划分，随时改变，使室内空间既能够满足屋主自己的生活习惯，又能够在特殊情况下迅速改变空间划分。

建筑组群的室外空间，即庭院，是与室内空间相互为用的统一体，又是为建筑创造小自然环境准备条件。庭院可以栽培树木花卉，可以叠山辟池，可以搭盖凉棚花架等等；有的还建有走廊，作为室内和室外空间的过渡，以增添生活情趣。

木结构建筑的梁柱框架，需要在木材表面施加油漆等防腐措施，由此发展成中国特有的建筑油饰、彩画。

至迟在西周已开始应用彩色来装饰建筑物，后世发展用青、绿、朱等矿物颜料绘成色彩绚丽的图案，增加建筑物的美感。以木材构成的装修构件，加上一点着色的浮雕装饰的平基贴花和用木条拼镶成各种菱花格子，便是实用兼装饰的杰作。

北魏开始使用琉璃瓦，至明清时期琉璃制品的产量、品种大增，出现了更多的五彩缤纷的琉璃屋顶、牌坊、照壁等，使中国建筑灿烂多彩，晶莹辉煌。

中国古代建筑屋顶组合形式

中国古代木构架房屋建筑中负担结构构件的制造和木构架的组合、安装、竖立等工作的专业。由于古代建筑是以木结构为骨干的,因此房屋的设计也归属大木作。

由《考工记》所载“攻木之工七”,可知周代木工已分工很细,以后各代分工不同。宋代房屋的附属物平暗、藻井、勾栏、博缝、垂鱼等的制作,归小木作,明清时则归大木作。宋代大木作以外另有锯作,明清也归大木作。

木构架房屋建筑的设计、施工以大木作为主,则始终不变。

中国古代建筑在唐初就已经定型化、标准化,由此产生了与此相适应的设计和施工方法。宋《营造法式》中,已载有一套包括设计原则、标准规范并附有图样的材份制,即古代的模数制,见材份。

材份制一直沿用到元末。明初,大量营建都城宫室,已不再用材份制。清初颁布的清工部《工程做法》基本上使用了斗口制,仍可看出材份制的痕迹,但在力学上已不如材份制严谨,各种构件的标准规范也无一致的准则。实质上是旧的设计制度已被废弃,而新的

古代建筑中的屋顶组合

设计制度还不完善。

从远古到汉代的木结构的形式迄今未能完全被了解，仍在探索中。从半坡遗址到商代盘龙城遗址、西周原建筑遗址、汉代礼制建筑、石阙等，虽已有复原研究，但还都未能得出系统的结论，只能看出一些脉络。

殷商的墓室均用井干式结构，后代虽不普遍使用，但在木结构发展史中却有重要作用。商代至战国宫殿遗址中已发掘的平面柱网布置，均纵向成行列而横向常不成行列。

据此可推断屋架构造，系以纵架为主，直至汉代仍有应用，故纵架应是早期普遍使用的构造形式。后来，辽金时期偶然也有使用纵架承托横架的构造，那是经过改进提高的纵架。

自西周开始已用栌斗作为结合柱、梁的构件，以后逐步发展成栌斗上用拱、昂等组合成铺作的复杂构造形式。

全部结构按水平方向分为柱额、铺作、屋顶三个整体构造层，自下至上逐层安装，叠垒而成。如造楼房，只须增加柱额和铺作层即可。

应用这种结构的房屋，平面均为长方形。有四种地盘分槽形式，即金箱斗底槽、双槽、单槽和分心斗底槽。

古代建筑各屋顶形状

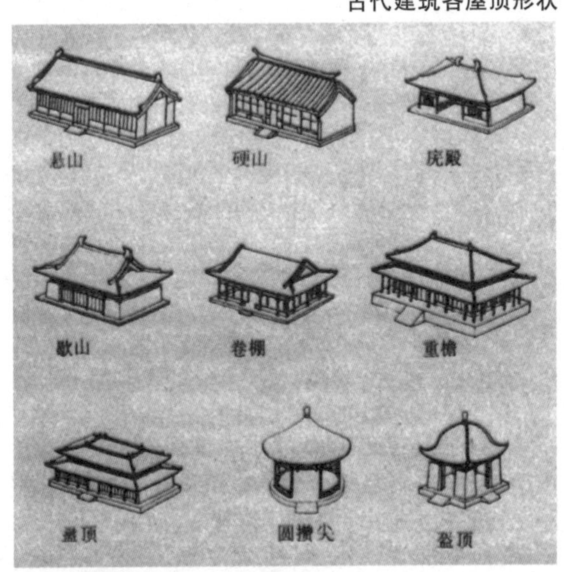

用横向的垂直屋架。每个屋架由若干长短不等的柱梁组合而成，只在外檐柱上使用铺作。每两个屋架间用椽等连接成间。每座房屋的间数不受限制，屋架只要椽数、相应步架的椽平长相等，各屋架所用梁柱数量、组合方式可以不同，因此不必规定平面形式。

殿堂结构

厅堂结构施工较殿堂结构简便，但不宜建造多层房屋。用厅堂结构建造小规模房屋，不用铺作，称为“柱梁作”，应用普遍。

现存实例中，还有一种综合殿堂和厅堂结构的形式，如奉国寺大殿。用纵、横、竖三个方向的柱、梁、铺作等构件，互相交错，组成一个整体，施工繁难，辽金以后未见再用。

用于正圆或正多边形平面的建筑，每个柱头上的角梁与中心的枨杆相交，组成圆或方锥形屋顶。

在明清官式建筑中，殿堂结构仅存表面形式，实际均为厅堂结构，称“大木大式”。普遍应用的“柱梁作”，称为“大木小式”。而簇角梁，则称为“攒尖”，多用于小型亭榭。

宋式厅堂构架式

屋顶又称屋盖，是中国古代建筑外形的最显著的标志。各种各样的屋顶名称，往往也就是单体建筑的名称，如庑殿、卷棚等。

屋顶有两类：一类是平的或近乎平的，另一类则做成铺瓦的斜面。前一类有两种形式：筑成稍有倾斜的平面，称为平顶；筑成中部略高的弧面，能向两面排水，称为囤顶。

后一类斜坡屋顶，其倾斜度一般为50%~66%，坡面呈略向下弯的弧线，决定坡度及弧线的法则即是举折或举架。

斜坡屋顶的结构形式，主要有：

一面坡屋顶:全屋面向一侧倾斜排水。

两面坡屋顶:用人字形的抬梁或穿斗架做屋顶构架,顶上垒屋脊,前后出檐排水。

硬山顶:左右两端均封砌于山墙内的两坡顶。

悬山顶:左右两端延伸出山墙外成两面坡。

卷棚顶:屋架四架梁上立两个瓜柱,并列两个脊檩,上加弧形罗锅椽,两坡相接处呈圆弧形;不用正脊,两山可以做成硬山顶、悬山顶或歇山顶。

四面坡屋顶:庑殿顶,两山用丁伏做成斜坡屋顶,与前后屋面45度相交,上加角梁、隐角梁,直抵正脊,屋面四向排水。

前后两坡相接处,在脊椽上垒正脊,左右两坡与前后两坡相接处,在角梁上顺斜坡垒垂脊。这种屋顶因共有五条脊,又称为“五脊顶”。

歇山顶:在两山用丁伏承山面承椽枋,屋顶下部形成一至二椽深的四面斜坡屋顶。屋顶上半为前后两坡,两坡相接处垒正脊,两坡左右各垒垂脊。下半四角垒脊,以其有九条脊,又称为九脊顶。

录顶:屋架平梁以上不用蜀柱和脊椽,屋顶上部做成平顶,下部做成四面坡四向排水。平顶四周与其下坡顶相接处垒屋脊。

古建筑速写

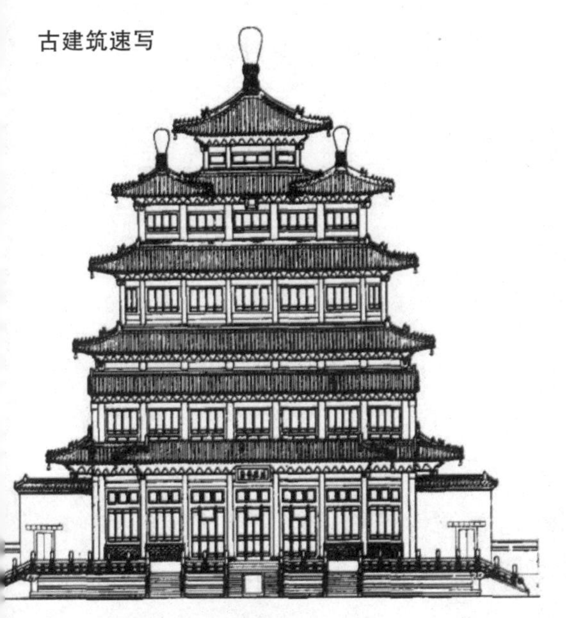

庑殿顶、歇山顶、录顶四角均可做成翼角。

攒尖顶:宋式用簇角梁,清式多用抹角梁,构成平面正圆或正多边形的屋顶构架。屋顶呈圆锥、方锥或多角锥体,顶上安宝顶或宝珠,多用于亭榭。屋角也可做成翼角。

大木构造以用榫卯结合为原则,只有屋面椽子、连

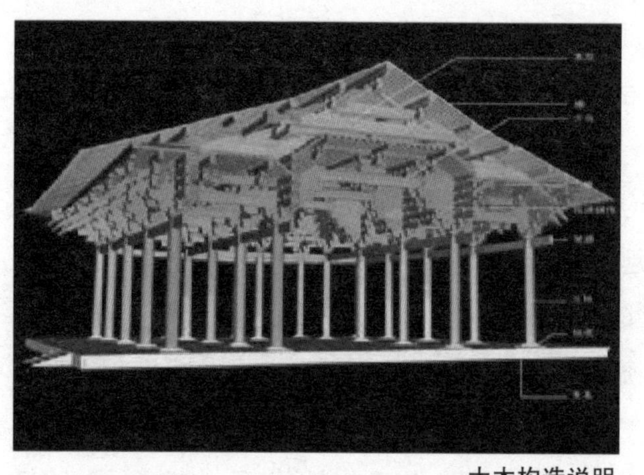

大木构造说明

檐、望板、角梁等使用铁钉。榫卯结合方式有六种。

柱头、柱脚出榫。下入础卯,上入栌斗底卯。若叉柱造,柱脚开十字口。

横向构件如额、伏、串之类,与竖向构件如柱之类结合,均在竖向构件上开卯口;横向构件出榫,或更加簾眼穿串,即用木销钉。

构件对接,均一头出榫,一头开卯口。其榫卯有螳螂头口、勾头搭掌等。

纵、横向构件直角平接。凡与房屋正面平行的构件上开口,与侧面平行的构件下开口,十字咬合。转角有45° 构件三向平接时,与正面平行的构件上开口,与侧面平行的构件上下均开口,斜向45° 构件下开口,三件依次咬合。

两构件上下叠合,铺作上用斗。斗底、拱头上开簾眼,受暗簾。斗上横开口或十字开口,受拱昂。斗口内或更留隔口包耳。

宋代抬梁式构架

根据《营造法式》做如下介绍:形制。殿堂型构架内、外柱同高,柱头以上为一水平铺作层,再上即为贯通整个房屋进深方向,随屋面坡度叠架的梁。厅堂型构架内柱升高,没有贯穿整幢房屋进深方向的大梁,在柱间使用较短的梁叠架起来。

柱。大多加工成梭形,外檐四周的柱子带有生起和侧脚。

梁。露明的梁称为明伏,被天花遮住的梁称为草伏,明伏有的加工成月梁形式。按每根梁长度和位置的不同称谓，如檐伏、乳伏、平梁、搭牵等。

梁的长度以椽架来衡量，一椽架即指一条架在两伏之上的椽子的水平长度。一般梁的长度为几个椽架的长度即称几椽檐伏，但两椽架长的梁在构架最上一层的称为平梁，在内外柱之间的称为乳伏，处于乳伏之上一椽架长的梁称为搭牵。

铺作。在梁柱交点的斗拱形成铺作层，它既能加强构架的整体性，又能巧妙地吸收、传递来自不同方向的荷载，是抬梁式构架中起结构作用的重要部分。

中国建筑数千年来，始终以木为主要构材，砖石常居辅材之位，故重要工程，以石营建者较少。

究其原因有二：匠人对于石质力学缺乏了解。盖石性强于压力，而张力曲力弹力至弱，与木性相反。中国古来虽不乏善于用石之哲匠，如隋安济桥之建造者李春，然而通常石匠用石之法，如各地石牌坊、石勾栏等所见，大多凿石为卯榫，使其构合如木，而不知利用其压力而垒砌之，故此类石建筑之崩坏者最多。

垫灰就是水泥之类的建筑粘合剂。中国石匠既未能尽量利用石性之强点而避免其弱点，故对于垫灰问题，数千年来，尚无设法予以解决之努力。

古建筑体现力学之美

垫灰材料多以石灰为主，然其使用，仅取其黏凝性；以为木作用胶之替代，而不知垫灰之主要功用，乃在于两石缝间垫以富于黏性而坚固耐压之垫物，使两石面完全接触以避免因支点不匀而发生之破裂。

故通常以结晶粗沙粒与石灰混合之原则,在中国则始终未能发明应用。古希腊罗马对于此方面均早已认识。

古建筑门前设计

希腊匠师竟有不惜工力,将石之每面磨成绝对平面,使之全面接触,以避免支点不匀之弊者;罗马工师则大刀阔斧,以大量富于黏性而坚固之垫灰垫托,且更进而用为混凝土,以供应其大量之建筑事业,是故有其特有之建筑形制之产生。反之,中国建筑之注重木材,不谙石性,所以现在遗留下来的大量古代建筑都是木质的,这与古希腊、罗马遗迹完全不同。

中国现存建筑系统之寿命,虽已可追溯至四千年以上,而地面所遗实物,其最古者,虽待考之先秦土垣残基之类,已属凤毛麟角;次者如汉唐石阙砖塔,不止年代较近,且亦非可以居止之殿堂。

古者中原为产木之区,中国结构既以木材为主,宫室之寿命固乃限于木质结构之未能耐久。但更深究其故,实缘于不着意于原物长存之观念。

盖中国自始即未有如古埃及刻意求永久不灭之工程,欲以人工与自然物体竟久存之实,且既安于新陈代谢之理,以自然生灭为定律;视建筑且如被服舆马,时得而更换之;未尝患原物之久暂,无使其永不残破之野心。

如失慎焚毁亦视为灾异天谴,非材料工程之过。此种见解习惯之深,乃有以下之结果:满足于木材之沿用,达数千年;顺序发展木造精到之方法，而不深究砖石之代替及应用。

修葺原物之风，远不及重建之盛；历代增修拆建，素不重原物之保存，唯珍其旧址及其创建年代而已。

唯坟墓工程，则古来确甚着意于巩固永保之观念。然隐于地底之砖券室，与立于地面之木构殿堂，其原则互异，墓室间或以砖石模仿地面结构之若干部分，地面之殿堂结构，则除少数之例外，并未因砖券应用于墓室之经验，致改变中国建筑木构主体改用砖石叠砌之制也。

中国古代建筑，除了在坟墓工程中精心研究石质建筑的奥妙，其他方面，更依赖木结构建筑。这和古代中国人追求自然生灭规律的设计指导思想有关。

从建筑材料来看，在现代建筑未产生之前，世界上所有已经发展成熟的建筑体系中，包括属于东方建筑的印度建筑在内，基本上，都是以砖石为主要建筑材料来营造的，属于砖石结构系统。

从建筑的空间布局来看，中国建筑是封闭的群体的空间格局，在地面平面铺开。中国无论何种建筑，从住宅到宫殿，几乎都是一个格局，类似于“四合院”模式。

中国建筑的美又是一种“集体”的美。例如：北京明清宫殿，明十三陵，曲阜孔庙即是以重重院落相套而构成规模巨大的建筑群。各种建筑前后左右有主有宾合乎规律地排列着，体现了中国古代社会结构形态的内向性特征，宗法思想和礼教制度。与中国相反，西方建筑是开放的单体的空间格局向高空发展。

古建筑中的木结构

以相近年代建造、扩建的北京故宫和巴黎卢浮宫比

较,前者是由数以千计的单个房屋组成的波澜壮阔,气势恢宏的建筑群体,围绕中轴线形成一系列院落,平面铺展异常庞大;后者则采用“体量”的向上扩展和垂直叠加,由巨大而富于变化的形体,形成巍然耸立、雄伟壮观的整体。

而且,从古希腊古罗马的城邦开始,就广泛地使用柱廊、门窗,增加信息交流及透明度,以外部空间来包围建筑,以突出建筑的实体形象。

这与西方人很早就经常通过海上往来互相交往及社会内部实行奴隶民主制有关。古希腊的外向型性格和科学民主的精神不仅影响了古罗马,还影响了整个西方世界。

同时,如果说中国建筑占据着地面,那么西方建筑就占领着空间。譬如罗马可里西姆大斗兽场高为48米,“万神殿”高43.5米,中世纪的圣索菲亚大教堂,其中央大厅穹窿顶离地达60米。

文艺复兴建筑中最辉煌的作品圣彼得大教堂,高137米。这庄严雄伟的建筑物固然反映西方人崇拜神灵的狂热,更多是利用了先进的科学技术成就给人一种奋发向上的精神力量。

中西方建筑不同的革新态度

从建筑发展过程看,中国建筑是保守的,中国的建筑形式和所用的材料3 000年不变。与中国不同,西方建筑经常求变,其结构和材料演变得比较急剧。

从希腊雅典卫城上出现的第一批神庙起到今天已经2500余年了,期间整个欧洲古代的建筑形态不断地演进、跃变着。

从古希腊古典柱式到古罗马的拱券、穹窿顶技术,从哥特建筑的尖券,十字拱和飞扶壁技术到欧洲文艺复兴时代的罗马圣彼得大教堂,无论从形象、比例、装饰和空间布局上看,都发生了很大变化。这反映了西方人敢于独辟蹊径,勇于创新的精神。

中国的建筑着眼于信息，西方的建筑着眼于实物体。中国古代建筑的结构，不靠计算，不靠定量分析，不用形式逻辑的方法构思，而是靠师傅带徒弟方式，言传身教，靠实践，靠经验。

我们对于古代建筑，尤其是唐以前的建筑的认识，多从文献资料上得到信息。历代帝王陵寝和民居皆按风水之说和五行相生相克原理经营。为求得与天地和自然万物和谐，以趋吉避凶，招财纳福，在借山水之势力，聚落建筑座靠大山，面对平川。这种“仰观天文，俯察地理”是中国特有的一种文化。

古代希腊的毕达哥拉斯、欧几里得首创的几何美学和数学逻辑，亚里士多德奠基的“整一”和“秩序”的理性主义“和谐美论”，对整个西方文明的结构带来了决定性的影响。

木结构之美

翻开西方的建筑史，不难发现，西方建筑美的构形意识其实就是几何形体；雅典帕提隆神庙的外形“控制线”为两个正方形；从罗马万神庙的穹顶到地面，恰好可以嵌进一个直径43.3米的圆球；米兰大教堂的“控制线”是一个正三角形；巴黎凯旋门的立面是一个正方形，其中央拱门和“控制线”则是两个整圆。

甚至于像园林绿化、花草树木之类的自然物，经过人工剪修，刻意雕饰，也都呈献出整齐有序的几何图案。它以其超脱自然，驾驭自然的“人工美”，同中国园林那种“虽由人作，宛自天开”的自然情调，形成鲜明的对照。

早在2 000多年前，古罗马奥古斯都时期建筑理论家维特鲁威

就在他的著名《建筑十书》中提出了“适用、坚固、美观”这一经典性的建筑三要素观点，被后人奉为圭臬，世代相传。

拯救“传统建筑”的新命题

随着经济和城市建设速度加快，传统建筑遭到了大规模地破坏，一些传统建筑营造技艺的传承人日益减少，拯救“人间国宝”这一新命题摆在了人们的面前。

2007年，中国艺术研究院建筑艺术研究所对中国传统建筑营造技艺课题进行了研讨，与会专家就中国传统建筑营造技艺的概念和保护、建立中国传统建筑营造技艺三维数据库的方法等问题提出了意见和建议。

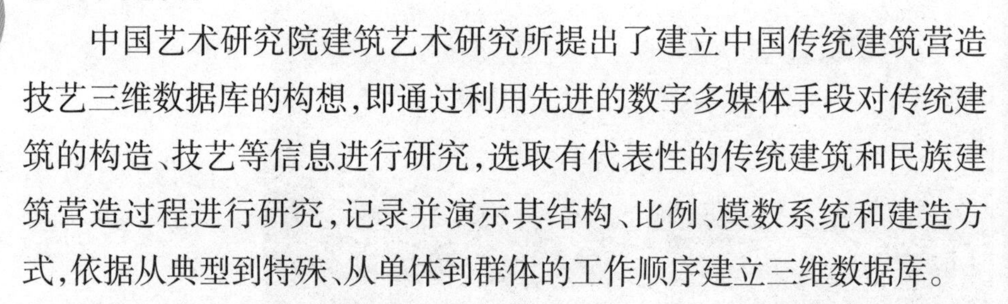

中国艺术研究院建筑艺术研究所提出了建立中国传统建筑营造技艺三维数据库的构想，即通过利用先进的数字多媒体手段对传统建筑的构造、技艺等信息进行研究，选取有代表性的传统建筑和民族建筑营造过程进行研究，记录并演示其结构、比例、模数系统和建造方式，依据从典型到特殊、从单体到群体的工作顺序建立三维数据库。

但三维数据库的建立只解决了营造技艺的保留问题，中国传统建筑营造技艺传承人的问题依然很难解决。由于缺乏富有实践经验的工匠，即便有施工图也很难确保实施。

事实上，自2004年中国正式履行联合国教科文组织《保护非物质文化遗产公约》以来，文化部和国务院办公厅相继印发了一系列文件，初步建立起国家、省、市、县四级非物质文化遗产代表性名录体系和四级传承人名录体系。

香山古建技艺的“活字典”

一个城市的建筑，代表着这座城市的气质。在被大量钢筋混凝土包围的今天，拥有2 500多年历史的苏州，如何彰显自己的建筑个性？以香山古建为代表的苏州古建，是苏州一张独特的文化名片。

中国古代建筑有别于其他建筑的最大不同点，就是它的木结构。所谓“墙倒屋不塌”，讲的就是这个优势。

面对现代功能、建筑成本、木材资源三大制约因素，传统古建也遭遇到前所未有的挑战，不少古建项目只能采用钢筋混凝土的仿木施工技法，让建筑韵味失分不少。

位于胥口的香山工坊，将古建筑技艺与科技、环保、文化相结合，巧妙地为传统木结构注入了现代灵性，走出了一条传承与创新相结合的破题之路。

位于胥江古运河上，一座长120米、宽6米的木结构拱桥静静横卧。这座以75.3米跨度创下国内跨度最大的拱式木结构桥，是香山工坊突破木结构技术难题，将传统古建营造技艺与现代科技相结合的代表作。

用木头造桥，在人类历史上并非新鲜事。但要用木头造出跨度如此大的桥，却决非易事。而更神奇的是，造这座桥，一共用了400立方米木材，全部采用7厘米宽、3厘米厚、2米左右长度的小木条拼接胶合而成。

香山工坊建设投资发展有限公司总经理许建华告诉记者，在木材资源日益紧张的今天，要找到这么大跨度的天然木材来做桁梁，几无可能。就算找得到，这根木头到底荷重多少，能否经受自然开裂、虫蛀、腐烂等考验，也完全是未知数。

拯救中华建筑国宝

这些问题正是制约传统古建发展

的瓶颈。为此，香山工坊首先在材料上突破创新，把新技术、新材料引进古建施工中。

用规格木板胶合集成，成为香山工坊在木结构建筑上的重大创新突破。

香山工枋木结构代表之作

这种工艺，采用次生和三生树林、人造林的小树制成大型胶合构件，任何尺寸的木片、木条、木方，都可以用来胶合集成大型的木材。在胶合集成的过程中，同时对木材进行防火、防腐、防虫、防霉等处理，使它达到可以控制的硬度、承重。

伴随建筑材料的创新，香山工坊木结构营造技术也得到根本性突破。从原本只能用于造三层以下轻型建筑，向大型体育场馆、学校礼堂、大型休闲会所和旅游景区等重型木结构领域拓展。

在香山工坊基地内，一座采用现代重型木结构技术建造的“香山帮技艺体验馆”，令人耳目一新。它的多项指标更是让人惊叹不已。

该馆的中门架折线曲梁最大高度达1.6米，是全省跨度最大的重型木结构曲梁门架建筑。此外，在材料承重、成型、设计、结构等方面，也获得多项专利。

所谓重型木结构技术，就是将规格较小、形态各异的实木原料，经现代工艺胶合，拼接成大型构件；再通过人工干燥、缺陷剔除、强度分级、纹理配置、分级组坯、环保胶拼等加工工艺流程，具有强度设计容许值高、物理力学性能稳定、尺寸规格不受限制、外观形状可选空间大等优点。

体验馆的主要受力构件采用折线型胶合木，有效实现了大跨度要求。根据受力特点设计的变截面，在保证构件有效承载能力的前提下，极大降低了材料消耗和成本。

重型木结构技术打破原传统木结构建房中存在的结构安装、拼装局限，为建筑形态和装饰提供更大表现空间。更重要的是，木材利用率也从原来的40%提高到85%，使古建营造技艺更节能环保。

在香山工坊，还有一宝，就是“承香堂”。这座没有用一根铁钉，全部纯手工打造的建筑，被称为“全国第一本古建筑传承保护的活字典”。

建筑是有形的，建筑技艺却是无形的。作为世界级非物质文化遗产“香山帮传统建筑营造技艺”的示范基地，香山工坊建造“承香堂”，就是为了让无形技艺有形化，留下珍贵的活教材。

“承香堂”建筑面积约600平方米，以苏州留园“鸳鸯厅”为主要参照物，同时参考拙政园“远香堂”等厅堂建筑特点进行建造。

工程建设从2010年开始，历时近1年。建造“承香堂”，集中了18位国家级和省、市级香山帮传统建筑营造技艺传承人，完全按照古法营造，不用钢筋水泥、现代型材、现代电动及起重工具。香山帮的各大技艺工种，如大木、小木、瓦工、砖细、石雕、铺地等工艺都在这里得到完美体现。

“承香堂”的建成，不仅通过园林古建项目的实例营造全面直观地再现古代工匠的造园艺术，而且还可以告诉大家，在香山帮建筑的发源地，现在依然保存着这项非物质文化遗产项目的生存环境和技艺传续。

苏州城市的建筑，就是要在尊重历史的基础上，讲述自己的故事。

迷你知识卡

庑殿

建筑屋面有四大坡，前后坡屋面相交形成一条正脊，两山屋面与前后屋面相交形成四条垂脊，故庑殿又称四阿殿、五脊殿。

第三章 中国木结构建筑历史悠久

极富特色的木结构典范雁门民居

雁门民居营造技艺主要分布在我省代县雁门关及其周边地区，是极富地方特色的民间传统木结构营造技艺。主要包括:扇骨麻花挑角技术及工艺、传统多层建筑的梁架结构起重运料安装技术及工

雁门民居

古建筑中的翼角

艺、传统建筑的彩画和塑像技术及工艺。

代县以杨氏等为代表的历代传承人利用境内丰富的木材资源,主要从事民居、村镇戏台、祠堂和寺观等传统木结构建筑的营造。

杨氏木匠是晋北一代木结构营造技艺的代表者。其前辈是宋朝杨家将镇守三关时的随军木匠,专门制作兵器、寨堡、城门、关楼,其木工技艺代代相传。

代县以往的民居建筑主体为木质结构。他们将自己的房屋盖得像庙宇一样,雕梁画栋,砖雕、石雕、木雕随处可见。在代县境内,现存年代最久远的杨氏木匠家族营造的传统木结构建筑——文庙和边靖楼,虽历经五百余年风雨和多次地震等自然灾害,但大木构架仍然保持完好,足见其工艺的精湛。

扇骨麻花挑角营造技艺是建筑翼角的特殊做法。从建筑内部看,翼角椽的组合形态就如“扇骨”或“麻花”,故得此名。

翼角的做法包含了檐椽在转角处的所有形态;这个形态包含平面、立面形态以及由这些形态所决定的构造形式,然后子角梁和老角梁的尾部扣搭在交叉的下金檩上固定,以一根角梁水平插接在建筑转角处的金柱上。

从交叉的下金檩的标高位置到角梁外端的坡度斜面用“边角废木料”垫出;将第一根翼角椽的椽尾仅“贴”在角梁约三分之二长的位置上,第二根、第三根……翼角椽的椽尾,按0.8椽径的等距依次往后移。

最末一根翼角椽的尾部交于搭交金檩的外金盘线上,所有角椽的尾部都交于搭交金檩的外金盘线上,且叠落于角梁上部。

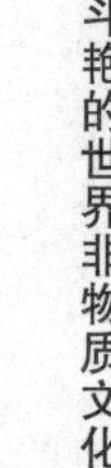

正是由于所有的翼角椽都是叠落于角梁上，而不是"贴"在角梁上，所以这样的翼角再长也不会倾覆。这种做法难度大，特别是翼角椽尾部需要不同程度地削薄扭曲，必须全部用手工制作安装，虽费工费料，但结构牢固。

在多层传统木结构建筑修缮中经常会用到"偷修"技术，就是在不动大木构架的情况下可以更换柱、檩、梁等任意一根木构件，而整个木构架却安然无恙。当今时代营造技艺主要用于对古建筑维护、修缮。

在巨大的工程中要将数以万计各种不相同的构件有机地组合起来，构成一座建筑物的骨干构架，就要事先将这些构件准确无误地制作出来。

具体分为土作、石作、大木作、砖作、瓦作、小木作和油漆彩画作等。其中的木作中有柱、梁、枋、檩、板、椽、望板、斗拱和门窗等等多种构件。

有特色的翼角

各类构件依所在建筑中的位置不同，其功能和形状也千差万别。多层木结构建筑中的木构件尤为复杂多样，构件之间又要仅凭榫卯结合在一起，榫卯的形状、大小、相互之间的结合方式也有很大差别。

营造技艺传承的过程也代表了“工匠世家”的一种生产与生活方式。在家族的承传中既有主要的父子承传方式，又有不多见的爷孙承传和族内同辈兄弟间承传的情况。

另外，杨氏古建筑营造技艺的承传并不保守，也对外姓承传。技艺在集体性的营造过程中，一般以同辈的师傅为相应营造内容的带头人，各领门下徒弟完成相关的工作。

近几年来，杨氏木工建筑技艺已经在代县边靖楼、雁门关关楼、代州文庙、应县木塔等国家重点文物保护单位的维修、复建中发挥了关键作用。

杨氏木匠第三十九代传承人杨贵庭主持过边靖楼的落架大修和应县木塔、山西王家大院、阿育王塔等建筑的基本修缮等工程。

传统建筑传承人面临挑战

掌握中国传统建筑营造技艺的工匠被尊称为“人间国宝”。这些非物质文化遗产传承人大多已步入银发时代，一些传统建筑的营造技艺或因后继乏人成为“广陵绝唱”。

由于浙闽地区的特殊地理环境，古代能工巧匠建造了数量众多的木拱桥，俗称厝桥、廊桥。

在福建宁德的屏南县、寿宁县、周宁县，浙江温州的泰顺县，浙江丽水的庆元县等地有许多木拱桥。它们的神奇之处在于不用寸钉片铁，以椽靠椽、桁嵌桁的方式连接而成，桥上还建有桥屋，能够遮风挡雨。

联合国教科文组织在其官方网站上这样评价中国木拱桥传统营造技艺：这种木工技艺要通过绳墨的指导和其他工匠的配合才能展现。

这种技艺通过口头、个人示范的方式来传承，或者通过师傅教授学徒、长辈教授晚辈等方式从上一代传到下一代。

古建筑民居之美

最近几年的快速城市化、木材的减少与现有建筑空间不足等原因结合起来,威胁到了这项技艺的传承。

事实上,目前掌握中国木拱桥传统营造技艺的代表性传承人只剩下屏南县的黄春财家族、寿宁县的郑多金家族、周宁县的张必珍家族和泰顺县的董直机师傅,总人数已不足20人,掌握核心技艺的4位师傅平均年龄已经超过75岁。

由于中国木拱桥传统营造技艺濒临失传,保护这一营造技艺的战役打响了。

在入选《急需保护的非物质文化遗产名录》之前,中国政府和民间已经通过召开学术会议、收集历史资料、申报文化遗产名录、建立相关网站等方式加强了对中国木拱桥传统营造技艺的保护。

从2009年到2013年,政府将投入215万元用于技艺留存、资料收集、政策制定、遗产教育、学术研究等保护工作方面。

在中国非物质文化遗产网上,从中国非物质文化遗产传承人名单上看到,传统技艺的传承人年龄普遍在60岁以上。人死艺亡,老龄化成为非物质文化遗产传承的几大杀手之一。

74岁的黄春财是掌握中国木拱桥营造核心技艺的4位传承人中最年轻的一位。由此可见,中国木拱桥传统营造技艺的传承已经危机四伏。“往往是人走了,一身绝技也就带走了。”有人如此感叹。

尽管没有与中国木拱桥传统营造技艺一样进入急需保护的行列,中国传统木结构营造技艺还是被列入《人类非物质文化遗产代表作名录》。

近年来,一些拥有传统建筑营造技艺的工匠越来越难找。有时候即使能找到懂得这种施工工艺的工人,也因为他年龄太大,无法参与施工。

不单是老龄化,这些传承人大多生活在农村,大部分人没有稳定的收入,没有社会保险,有的人连最基本的生活保障都没有。马炳坚认为,在市场经济条件下,人的趋利特性让传统建筑营造技艺的传承遇到了障碍。

中国木拱桥传统营造技艺的传承属于家族式传承。目前其传承人只剩下屏南县的黄春财家族、寿宁县的郑多金家族、周宁县的张必珍家族和泰顺县的董直机师傅。

黄春财老人和其儿子黄闽辉也曾想过把自己的绝艺传给外人,但是谁有兴趣、有耐心、有耐力来学这门收入不高的技艺呢? 这不仅是黄春财和他儿子的疑问,也是我们所有人的疑问。

以木材为主的古建筑

中国传统木结构营造技艺是以木材为主要建筑材料,以榫卯为木构件,以模数制为尺度设计和加工生产手段的建筑营造技术体系。

这种营造技艺体系在中国传承了7 000年,并传播到日本、韩国等国,是东方古代建筑技术的代表。但是这种营造技艺的传承方式面临着严峻的挑战。

中国传统建筑以木材为基材

中国传统建筑以木材为主要建材，并发展繁衍出完整缜密的木结构，其历史源远流长。

中国建筑之源头究竟起于何时何地，当今无法考证，而木构建筑似乎也是如此。但是从有较详尽史料记载起，到后世的考古发现，屡屡有关于木构建筑的记载和发现。

木材是古建筑的基材

殷代末年，约公元前十二世纪，“纣王广作宫室，益广囿苑”，“其后约三千年，乃由中央研究院历史研究所寓以发掘，发现若干建筑遗址。其中若干处之木柱之遗炭尚宛然存在，盖兵乱中所焚毁也。”

至春秋战国，木结构之立柱、门扇、斗拱、枋以及斗拱承托平坐的形式已初具规模。此情况可以从故宫博物院藏“采桑猎钫”中的宫室图上看出。

至秦始皇更是开始亘古未有的大肆兴建。“先建前殿阿房，东西五百步，南北五十丈，上可坐万人，下可建五丈旗”。

我们熟知的杜牧的《阿房宫赋》中写到“蜀山兀，阿房出”，可见当时修建宫殿囿苑的主要用材乃为木材。

至两汉，宫苑和市井建设仍绵延不绝。“长安城内诸宫散置，有长乐、未央、明光、长信及桂宫、北宫六处，有九市，百六十里，八街，九陌”。

从汉代的画像石、画像砖及汉代的仿木构墓室建筑中可以看出，至此，传统建筑的木结构椽、斗拱、枋等，已经在多样化的基础上形成了最基本的模式。

魏晋南北朝时期，佛教兴起，大江南北石窟洞穴星罗棋布。其中大部分的石窟从结构上看均是模仿木构，更有完全忠实模仿木构的实例，可见木构建筑在当时应是建筑的主流所在。

如今确有年代可考的最古的木构建筑是山西五台山佛光寺大殿，建于唐宣宗大中十一年。

此寺是经梁思成先生费尽千辛万苦找到。窥一斑而见全豹，由佛光寺大殿大可以略看出当时木构的发展情况。应该说，此时中国传统木构建筑几趋于成熟并已经成一个相对稳定的模式，后世即使有修改，也是在小处细节。

到宋徽宗崇宁二年，李诫作《营造法式》，是中国建筑史上记载最早最系统的一本关于建筑科学的工具书，其中对于建筑的用材、构架、结构、比例都有详细周全的规定。应该说，传统木构建筑已经在一种理论体系的指导下逐步完善。

再到元、明、清期间木结构的演变或趋简练硕大，或趋精巧细致，或有更多新做法的出现，或不可避免经历避重就轻的倒退。当时历史发展之常有更迭，但其发展始终是在一个主干的基础上，万变而不离其宗。

埃及和西方传统建筑以石材为主要建材，而中国传统建筑则以木材为主要建材。其中可能有诸多偶然性原因，但也或有可探讨的必然性。

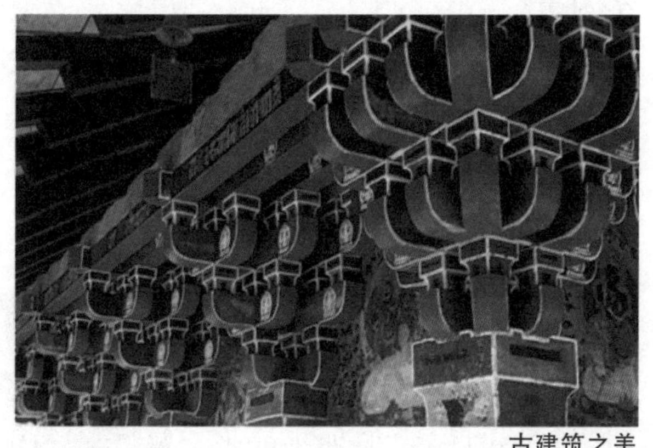

古建筑之美

首先从地理条件来讲，古埃及、古希腊、古罗马的文明所在地均以石材为普遍可采之材，而缺乏大量的森林和材质适宜的木材。而埃及的干旱气候及希腊罗马的潮湿的地中海气候都不利于木材材性的稳定性。相对地，中华文明起源于黄河流域，木材的来源及气候条件对木建筑都很友好。

中国传统建筑木结构细节

叠梁式木结构，是指在台基上立柱，柱上支梁，梁上放短柱，其上再支梁，梁的两端并承檩，如此层叠而上，到最上层的梁中间放脊瓜柱以承脊檩。叠梁式木结构可分为做斗拱和不做斗拱的。这种结构的主要优点是室内少柱或无柱，可以获得较大的室内空间；缺点则是用材较多，耗材相应更多。广泛应用于中国北方地区。

穿斗式木结构，是指柱距较密、柱径较细的落地柱和短柱直接承檩，柱间不施梁，而用若干穿枋联系。

这种结构的优点在于用材较小，抗风性能好；缺点则是室内多柱，空间不够开阔。在中国南方地区应用较广泛，例如苏州园林内的木结构多为穿斗式，可能因为该地少森林而缺大木料。

井干式木结构是指将圆木或半圆木两端开凹榫，组合而成矩形木框，层层相叠而成墙壁，实为木承重结构墙。这种结构因其材料的长度对房屋的进深限制很大，所以应用并不广泛。

早期木柱多为圆形断面，下端埋于土中，然后用土填塞柱穴，再予夯实。

商代则已出现用卵石为柱础，秦代开始使用方柱，汉代石柱更增加了八角、束竹、凹楞、人像柱等样式，并出现倒栌斗式柱础，柱身也有了直柱与梭柱之分，但由于实物都是仿木构的石柱，与真实木柱恐怕有距离。

南北朝受佛教影响，出现了高莲瓣柱础和印度、波斯、希腊式柱头，但外来的形式后来没有得到发展。唐、五代柱多为八角和圆形断面。宋代现存的实物中，木柱以直柱为多，柱头略加卷杀，断面多为圆形，并且多保

古建筑结构细节示意图

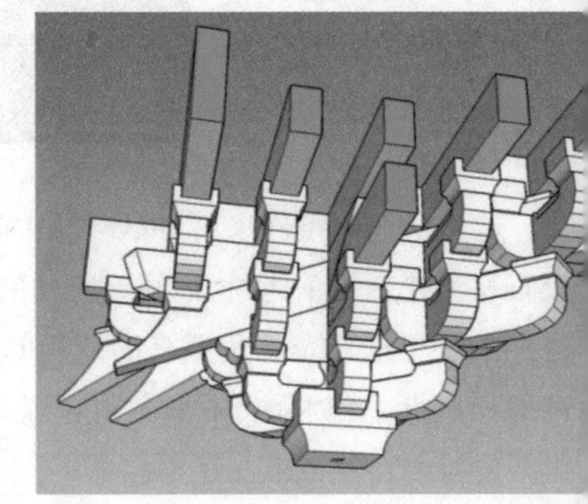

梭柱

留了“角柱生起”和“侧脚”的做法。

自元以后，梭柱多保留在南方，北方仍以直柱为常有。而柱础的做法在江南和巴蜀地区较多见，可能是因为南方地气潮湿，柱础起到了很好的隔潮防腐的作用。

斗拱结构在中国木结构建筑中是一个十分重要的构件。有人曾把中国建筑的木柱和斗拱类比于西方建筑的石柱和柱头。“中国古代木构建筑的斗拱，在形式上被理解成十分重要的构件，部分的原因是来自于其位置类似于西方古典柱式的柱头”。

斗拱的构成简单分为三部分：斗、拱和昂。

斗是直接承重横拱、枋或梁的木方。就斗细分又有很多种。比如，位于一组斗拱最下的称为坐斗，位于挑出的翘头上的叫十八斗。位于横拱两端的斗叫三才斗。位于翘与横拱等交叉中心上的叫槽斗子。这些斗尽管名称各异，但是形状几乎相同，只是尺寸有大小，开槽有分别。

从汉代的画像砖石和崖墓、石室中的石斗拱可以看出，当时的斗拱形式多数为“一斗三升”，或有少数“一斗两升”和“一斗四升”，并已有“单拱”和“重拱”之分，出跳最多可到三四跳。

至于斗拱位置已分“柱头”和“补间”。然而在转角处，两面斗拱如何交接似乎还没有一个完满的解决方案。

魏晋南北朝时期，柱头铺作仍多为“一斗三升”，但是拱心小块已经演进为宋之“齐心斗”的形式；补间铺作则有人字形铺作的出现，并有直线和曲线两种形式。

唐代是斗拱发展的重要时期，根据五台山南禅寺和佛光寺大殿

挑檐式建筑

可知，当时的斗拱形式已趋于多样化，柱头铺作已经相当完善，并使用了下昂。

但补间铺作仍较简单，基本保留了两汉、两晋南北朝时期的人字形、斗子蜀柱和一斗三升的做法。有的虽然出跳，但跳数较少，出檐重量主要由柱头铺作来承担。

由此可见，唐代柱头铺作的尺寸雄大，有其结构上的来龙去脉。

宋代被认为是斗拱发展的成熟期。比如，转角铺作已经完善，补间铺作和柱头铺作的尺度和形式已经统一，各种斗拱的组合形式十分多样化。

同时规定了材契的标准，以此作为建筑的标准。从宋初到南宋末，斗拱的比例尺度逐渐减小。

拱是指斗口伸出承斗或升之重量的木构件。拱按其不同位置又可分为多种，凡是向内外挑出的拱，清称为翘；跳头上第一层横拱称为瓜拱，第二层万拱。

最外跳在挑檐檩下的、最内跳在天花枋下的称为厢拱。出坐斗左右第一层横拱叫正心瓜拱，第二层叫正心万拱。

汉代的石斗拱形有两种，“或简单向上，为圆和之曲线；或为斜杀之曲线相连，殆即后世分瓣卷杀之初形，如魏唐以后所通常所见。或弯作两相对顶之S形”，但木构斗拱是否采用此式尚不可确定。

昂是斗拱中斜置的木构件。“昂尾斜上，压于梁或檩下，利用杠杆原理，以挑起檐部”。

“汉代建筑中还未发现此项构件，唐佛光寺大殿柱头铺作中的批竹昂是现知最早的实例。

宋柱头铺作也有这种做法，唯昂尾稍短，而下檐则用了昂式华拱，是假昂的一种。此外，也有施插昂的。补间铺作多用真昂，昂尾斜上，托于下平槫下。

上昂始见于宋代建筑的内槽铺作，下端撑在柱头枋处，上端托在内跳令拱以下。元以后柱头铺作不用真昂。至清代，代下昂的平身科又转化为镏金斗拱的做法，原来斜昂的结构作用已丧失殆尽。”

中国古代木结构法式

明初永乐年间，“宇内富庶，赋入盈羡，府县仓蓄甚丰”，于是乎，成祖朱棣接连办了几件大事：营造北京紫禁城和长陵，续建明长城，再一个就是命内官郑和造巨舰宝船，七下西洋。

现如今，北京紫禁城，明皇陵和明长城均安在，成为人们旅游参观的景点，而郑和船队的结局却大相径庭。

郑和七次远航，饱受惊涛骇浪，虽然政治意义深远，但从经济上讲，“厚往薄来”，花费巨大，明臣于是有：“三宝太监下西洋，费钱粮数十万，军民死且万计，纵得奇宝回，于国家何益？”之质疑。

永乐皇帝逝世不久，大规模的航海活动随即停止。郑和船队航海宝船不知所终，有关的造船航海资料也落得“亦当毁之以拔其根”的结局，所剩寥寥。

明代早期，造船最为发达，明代用于武备和漕运之官船数以万计，均为官造。造船当有一套成熟的工艺流程，批量化生产方能满足要求。如当时隶属于工部都水司的南京龙江船厂，有专用船坞，船造成后，可直接在长江下水。厂

颇具美态的古建筑

宝船创意图

内分工细致明确,除主要的船体制造场所外,还附设有舱、铁、篷、索、缆、细木、油漆等八九个作坊。

中国木建筑结构的最大特点是榫卯结合,柔性受力。地上建筑受到地震等外力作用时,往往“墙倒屋不塌”,木材的弹性可以保证木结构的整体在一定范围变形和位移。对于海船来说,情况更恶劣,海浪的作用是周期性的、持续的,对于拼接的船体结构,在木材强度和弹性范围内,要保证结构的完整,是一个问题;要保证船壳结构的水密性则是一个更大的问题,长度超过120米的木质结构,在海上风浪的作用下,一定会有变形,这种变形的直接结果就是拼接船壳水密性的降低。对于宝船来说,最大吃水达到10米,船底渗透的水压将超过一个大气压,在这样的不利环境下,船壳接缝即使用捻料捻缝也难以保证良好的水密性。

目前人们最熟悉的明代海船尺寸是曾跟随郑和多次下西洋的马欢在《瀛涯胜览》里所记述:“宝船六十三号,大者长四十四丈四尺,阔一十八丈;中者长三十七丈,阔一十五丈。”此海船尺寸多次被以后的文章所引用。

依照《瀛涯胜览》所记尺度,从结构上会带来一些问题。现代造船界人士根据这个尺寸推测，宝船吃水8～10米，吨位超过万吨。由于明代海船主要以木材为结构材料，木材体量有限，不论是船体结构还是防水船板都需拼接方能就用。

古代木结构法式与尺度

木材来源广泛，加工容易，是古代应用最广泛的结构材料。无论是修建宫殿庙堂，官邸民宅，还是制造舆车舟楫，农具家私，主要材料非木莫属。

没有规矩，不成方圆，无论是现代还是古代，任何复杂的结构工程，其最终的完成，都要循一定之轨，宗既有之法。

中国的古代建筑有异于西方古建筑的砖石结构，以土木为本，采用独特的木结构体系。如同中国历史文化一样，中国古代的土木建筑体系虽然经过多次外来文化的交融和洗礼，传承几千年，其形制和做法基本保持不变。

古代造船更是以木为本，无论是船体结构，还是船楼舱室，俱用木材。所以无论是建屋还是造舟，其加工工具和手段都应该有相通之处。

应县木塔

特别是中国古代的大船，其上往往建有高于主甲板的船上建筑结构，或曰水殿，或曰将堂，或曰官楼，其形制必与陆地房屋结构相同或类似。

中国古代重文章道德，轻工艺方技。经史典籍汗牛充栋，有关科学与工程的文章却不多见，特别是系统规范的行业标准更是寥寥可数。

从夏商周三代之始，中国人就视都城之制，百工之事，室、屋、堂之度，

古建筑中的楼台亭阁之美

为圣人之作，一切营国、造屋、制器均应在法度之内。

传统观念之中，宫殿庙堂为天子替天行道之处，释道祀其神灵之室，营造宫殿庙堂体现帝王威严，关系国人之根本，其形制规范，大小尺度均有章可循，有法可依。

所以在中国古代有关科学技术的传世文章中，涉及土木工程，房屋营造专业典籍，先秦有《考工记》，两宋有《营造法式》，清代有《工程做法则例》，为古代人建屋造房规范标准，为当代人研习古代土木结构提供依据。

《考工记》就是中国先秦时期论及技术工艺的专著，可能是春秋末年齐国的官书，作者不详。

《考工记》全书记载的范围很广，涉及运输和生产工具，兵器、容器、乐器、玉器、皮革、染色、建筑等项目。

《考工记》中对木制车舆之设计制造有详尽描述，对夏、商、周人的宫、殿、堂、室之规范，均有一定的尺度。但是从整体上看，《考工记》年代久远，内容简赅，对建筑结构和具体器物，多有概念性的定性描述，鲜有具体的结构章法。

《营造法式》是北宋徽宗时期由主管营造的将作监李诫编撰成书，被现代人誉为“中国古代建筑宝典”。

全书共三十六卷，该书体系严谨，内容丰富。书中几乎包括了当时建筑工程以及木结构制作的各个方面。

它总结了当时和前代工匠的建筑经验，并且加以系统化、理论化。

《营造法式》首先对当时建筑各方面的名词术语进行了解释，然后用很大篇幅列举了各种工程的制度，包括壕寨、石作、大木作、小木作、雕作、砖作、窑作等十三种一百六十七项工程的尺度标准以及基本操作要领。

特别引起人们极大兴趣的是《营造法式》中提出了一整套木结构建筑的模数制设计方法，并提供了珍贵的建筑图样。模数制的设计思想为我们推算古代一般木结构尺寸提供了新的思路和方法。

中国古代规章制度，大体上是汉承秦制，两宋法汉、唐，元、明、清师两宋。历代都设工官，管理百工之事。

中国古代建筑是一个独特的结构体系，以木材为结构材料，以梁柱为建筑构架，以斗拱为结构关键，以比例模数制为度量标准。斗拱为中国古建筑之灵魂，其大小和复杂程度决定着一幢建筑的用途和规格。

在宋代乃至明清，房屋的木结构设计建造被称为“大木作”。在宋代大木作行当里，“材”有着特殊的地位。

《营造法式》中的大木作部分，规定房屋建筑的尺度、比例，均以“材”“分”为基本模数。其他建筑组件，如：各类复杂的斗拱、柱、梁、屋顶的长阔大小，均以这个基本模数为基准，是它们的倍数。《营造法式》所规范的建筑形制，现在还可以在宋代的建筑遗存里得到印证。

清朝雍正十二年，清工部颁布发行了关于建筑规范之书《工程做法则例》。

古建筑中典型的木结构

全书七十四卷，前二十七卷为二十七种不同之建筑物：大殿、厅堂、箭楼、角楼、仓库、凉亭等，每件之结构，依构材之实在尺寸叙述。对

清式建筑

于各地官造的建筑结构依此二十七种实在尺寸，可略有损益，类推其余。

清之建筑营造规范从宋式演变而来。清朝的《工程做法则例》和宋代的《营造法式》可以说一脉相承，但名称、构造和在构架中所起作用都有变化。

清式每一组斗拱称一攒。原来宋式的模数单位“材”，其基本含义未变，但是名称改为“斗口”。“斗口”共分12等级，“斗口”宽最大6寸，最小1寸，实物所见最大一级“斗口”宽四寸。

在清式建筑中，结构件的尺寸是“斗口”的比例数。例如：每一组斗拱称一“攒”，“攒”与“攒”之间的间距规定为11“斗口”；又如：立柱高为60“斗口”，直径6“斗口”；明堂柱间距为7~9“攒”等，不一而足。

木结构建筑从传统走向现代

说起木结构建筑，人们大概会立即联想到古代园林、佛教庙宇等古建筑，很难与现代化建筑沾边。

然而，随着社会的发展进步和人们生活水平的提高，尤其是近年来随着大众和政府对于环境可持续发展以及绿色建筑的持续关注，木结构建筑重新回到人们的视野，并受到广泛关注。

中国木结构建筑历史辉煌且悠久，是中华文明的重要组成部分，且对日本、朝鲜等国产生过重要影响。

考古发现，早在旧石器时代晚期，已经有中国古人类“掘土为穴”和“构木为巢”的原始营造遗迹。

而分别代表两河流域文明的浙江余姚河姆渡遗址和西安半坡

遗址则表明，早在7 000至5 000年前，中国古代木结构建造技术已达到了相当高的水平。

哈尔滨工业大学土木工程学院教授祝恩淳研究发现，中国古代木结构在上述原始雏形的基础上不断演化改进，逐渐形成了梁柱式构架和穿斗式构架两类主要体系。

自战国以来，迟至清末甚或今日，这两种体系一直沿用。有记载的中国古代著名木结构建筑为数众多，但大都已经湮灭于历史的长河中。

哈尔滨工业大学

据统计，现存的木结构实物最早可追溯至唐朝中后期。自辽宋各代，遗留建筑实物渐多，而明清最多。

如中国现存最古老、最高的木结构建筑是山西应县佛宫寺释迦塔，最早采用拼合构件的实物木结构是宁波保国寺大殿。

现存规模最大、殿柱最巨之木结构是明长陵棱恩殿，构思最巧妙、最大胆之木结构是山西大同恒山悬空寺。

可以说，中国古代木结构从考古发现、典籍记载到实物存在，浩如烟海、数不胜数。值得一提的是，中国古代还有为数众多的少数民族木结构建筑以及木桥、木栈道等木结构工程，同样体现了劳动人民高超的聪明智慧和技术水平。

迷你知识卡

栈　道

原指沿悬崖峭壁修建的一种道路。又称阁道、复道。中国古代高楼间架空的通道也称栈道。

第四章 发展有中国特色的木结构

唐宋木结构的比较

唐都城长安原是隋代规划兴建的，面积83平方千米，是今西安市区的8倍。使之成为当时世界最宏大繁荣的城市。

长安城的规划是中国古代都城中最为严整的。其他府城、衙署

唐宋木结构建筑

典型斗拱木建筑

等建筑的宏敞宽广，也为任何封建朝代所不及。

隋唐时，不仅加强了城市总体规划。宫殿、陵墓等建筑也加强了突出主体建筑的空间组合，强调了纵轴方向的陪衬手法。

这种手法正是明清宫殿、陵墓布局的渊源所在。唐代帝陵多利用自然地形，因山为坟，因此比秦汉时的人造巨冢更有气势；陵墓的神道极长，石雕刚健雄伟，数量也较前加多，墓内壁画尤为生动。

到了隋唐，大体量的建筑已不再像汉代那样依赖夯土高台外包小空间木建筑的办法来解决。各构件，特别是斗拱的构件形式及用料都已规格化、定型化，反映了施工管理水平的进步，加速了施工速度，对建筑设计也有促进作用。

掌握设计与施工的技术人员督料，专业技术熟练，专门从事公私房设计与现场指挥，并以此为生计。一般房屋都在墙上画图后按图施工。房屋建成后还要在梁上记下他的名字。

目前中国保留下来的唐塔均为砖石塔。唐时砖石塔有楼阁式、密檐式与单层塔三种。

唐代建筑风格特点是气魄宏伟，严整又开朗。现存木建筑物质反映了唐代建筑艺术加工和结构的统一。斗拱的结构、柱子的形象、梁的加工等都令人感到构件本身受力状态与形象之间内在的联系，达到了力与美的统一。

而色调简洁明快，屋顶舒展平远，门窗朴实无华，给人庄重、大方的印象，这是在宋、元、明、清建筑上不易找到的特色。

宋代是中国古代政治、军事上较为衰落的朝代，但在经济、手工业和商业方面都有发展，科学技术更有很大进步，这使得宋代的建

筑水平达到了新的高度。

宋代的城市形成了临街设店、按行成街的布局,城市消防、交通运输、商店、桥梁等建筑都有了新发展。

北宋都城汴梁完全呈现出一座商业城市的面貌。这一时期,中国各地也已不再兴建规模巨大的建筑了,只在建筑组合方面加强了进深方向的空间层次,以衬托主体建筑,并大力发展建筑装修与色彩。

木结构建筑的连结法

中国古代木结构建筑物能保存几百年之久,甚至千年以上,其原因当然是各方面的。或者是地点偏僻不受兵火影响,或者是梁柱构件断面较大,经受得起一般外力。而构件之间的连结方法也可能是延长寿命因素之一,本章打算对这方面情况加以初步研究。

木制家具门窗也都是用榫卯连续的,在家具制作中,有时用明榫,有时用暗榫,如果卯口前后相通,榫入卯后,榫头暴露于外,这就叫明榫;反之,如果卯口不开通,榫入卯后,榫头不露明处,称为暗榫。

木制榫卯

古建筑的大木构件在节点处也是区别部位，或用明榫或用暗榫。有时，在角柱柱头，额枋榫头还要探出柱外以加强节点连续，叫做出榫。

在家具制作中，还有中榫、半榫之分。榫头两边都有榫肩，叫做中榫；若制榫头的构件厚度不够，只做一面榫肩，叫做半榫。

古建筑大木构件在节点处大多依中榫做法联合。

在门窗家具制作中，还有用动物胶或合成树脂胶进行胶合的。这样质量相当坚固，但如果由于个别或少数构件伤损需要剔换时，牵连较大。因此，大木构件不用胶合，从便于维修的角度来看，榫卯连结是较合宜的方法。

榫联合构件法

捎木，或名栓木，是断面较小硬度较大的木材。使用捎木是利用其较高的抗剪能力，把两根或两根以上平行构件联接在一起，以防止错动。

在转角大木中，角梁与檩条的连结，除去依靠角梁下皮挖出桁，还要使用铁钉把角梁固定在檩条上，以防止下滑。

从十二世纪到封建社会末期，角梁由戗一直使用铁钉，钉断面一寸见方，一般为角梁厚度的七分之一，钉直径不可过大，以免角梁木料开裂。

大部分铁钉用在椽子和板材的连结上。例如，檐椽每根用钉2个，花架椽，脑椽每根用钉1个，飞檐椽每根用钉3个；又如博缝板每 缝一丈用两尖钉5个 ，每檩头一根用蘑菇钉6个，顺望板每长二尺用钉2个，横望板每见方一丈用钉100个，楼板一块跨楞木四根用钉8个。

高大的建筑中，在柱身过长或柱径过粗时，一根原木往往不敷

木建筑需要大量原木

应用，需要两根以上的原木拼接。

例如河北正定隆兴寺慈氏阁有一根后金柱，圆柱径是65厘米，总长1 650厘米，1953年拆落时，发现是三根圆木拼成，有两处接口，下接口在承重下方，上接口在承重以上，五架随梁以下。

拼接法采用半榫或名巴掌榫，上下咬接；在咬接范围内用三道铁箍，加铁钉箍牢。

凡铁箍，以木料外围尺寸定，长宽厚尺寸如外面凑长三尺即箍长；三尺每尺外加搭头一寸至五寸为定；箍长三尺以内者宽一寸八分，箍长四尺五寸以内者宽二寸厚一分二厘，箍长五尺以内者宽二寸五分厚一分五厘，箍长五尺以外者则宽二寸五分厚二分。每箍长一尺用钉三个，箍厚一分五厘以内者用长二寸箍钉，一分五厘以外者用长三寸箍钉。

按《营造法式》合柱鼓卯图样中有二段合、三段合、四段合几种。也就是，由两根、三根或四根圆木拼成一个完整的柱身。鼓卯有明有暗，明鼓卯用在柱面或柱底，暗鼓卯用在柱心，鼓卯底广面狭，另一段作榫则面广底狭，因以相合。

凸榫可以做成银锭状叫做鞠，也可以做成长方形形状叫暗楔。也有不少柱梁，用圆木或方木为心，外拼木板，包镶为一整体，并以铁箍钉牢。

北京四合院的木结构艺术

四合院是老北京一种极普遍的传统住宅，也是古都风貌中独具特色的景观。它不仅是一种砖瓦构建的居住形式，而是中华传统文

化的集中体现。

北京的四合院代表着一个城市的肌理基质所在，其中沉淀着丰厚的历史内涵。笔者从小生活在四合院，长大后又拜于鲁班门下学木工习古建，经过实践使我对建筑学有了较深的了解，并与四合院结下了不解的情缘。

北京的四合院在发展过程中，始终与中国传统文化密切相连，其中也包括着中国传统理念。由于在《易经》中贯穿着一种阴阳五行的学说，它对四合院建筑的营造方式产生了直接影响。

北京的四合院建筑，正是以民居形式来体现地面的“四方”观念。对于四合院中房屋、天井、门口等布局，古人有着许多说词和规范。

北京的四合院包括小四合院、中四合院、大四合院、变体四合院、三合院及大杂院等类型。其房屋建筑主要由三大部分组成，即地基、墙体、屋顶。各部位所使用的材料不同，营造方法也不一样。

老北京传统四合院最大的特点是以木材作为房舍支撑物和骨架结构，这就大大减轻了四周墙体的负重量。

而有些房屋不用砖石砌成隔断，采用了木制板壁和隔扇将间与间隔离，这种隔扇并不负重，只是为了使用上灵活方便。老北京的四合院建筑不但具有一定的科学性，还十分符合《营造法》原理。

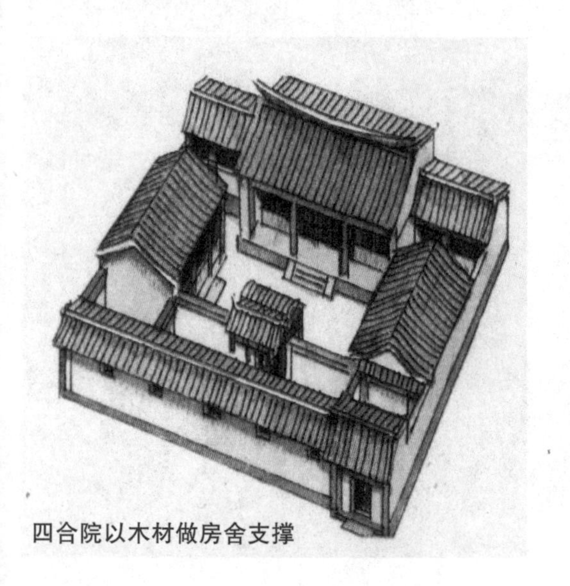
四合院以木材做房舍支撑

在三大组成部分中，既权衡建筑物的比例，比重还保持了整体的平稳性与互衬性。并以严谨的布局、精细的做工、优美的造型来突出建筑体的壮观及典雅之风。

提到北京四合院的建筑结构，木材在其中发挥了重大作用。

作为房屋顶部主要支撑物的柱子要立于地基之上,所用木材需粗实且抗腐力强。而传统的屋顶骨架主要是木质结构,分成柁、檩、椽、枋等几部分。柱子的作用是支撑大梁,梁是承负屋顶受力最大的横向骨架,又叫“柁”。

因为它像横跨在两柱之间的一架桥梁,驮起上面很大力量而得其名。梁的造材很重要,料需粗实、坚硬、有韧性。

讲究的人家多采用上乘的针叶树,如黄松、黄花松等木料。名人府弟用金丝楠者非为少数,平民四合院用榆槐木者甚多。

为了适应北方夏天多雨冬季寒冷的气候条件,北京四合院的屋顶多为人字形,使其达到排水迅速,隔温保暖的作用。梁上有挂柱支撑二柁、三柁,上面又有檩子和椽子,木屋架成为一个阶梯形。屋顶铺上泥瓦后,从侧面看似山峰。

在四合院建筑中,古代先人们通过长期实践积累了一套完整的木结构制作工艺。为了使屋架牢固,匠师们采用了特殊方式将其各部位紧密连在一起。斗、拱、昂、枋就是最常见的物件之一,这些部件在木结构中起到了很重要的作用。

四合院屋顶多为人字形

木结构使屋架牢固

斗是一尺见方形木块，分为斗耳、斗腰、斗底三段，类似古代量粮食的斗状。中间凿有方孔安放于柱子顶端。

拱是安装在斗上的一两头跷曲似船形木方，即是一根长木方，通过斗和拱中心倾斜下垂。其作用是前可挑檐，后可挑梁。

枋用来连接分散的斗拱，使之成为一个整体，可保持屋架的稳定。有了坚实牢固的柱、斗拱、昂、枋，梁才能承担起檩子及密集的木椽，使所有木屋架成为一个整体。

北京四合院建筑木结构的制作和使用，不但具有实用性、科学性，更具有一种很高的艺术性。观赏那些青砖磨缝、雕梁画栋、飞檐斗山的四合院建筑制造工艺，处处都有一种诱人的魅力。

另外，四合院居室的门窗，隔扇等木装修更是一种独具民族特色的艺术杰作。古人在设定房门院门的方位、尺寸等方面极为讲究。

首先需按居住者身份、地位、职业确定门的形式和标准。《易经》中将门的方位及尺寸分为财、病、商、义、官、劫、害、吉八种标准。

据说"八字尺"源于工匠祖师鲁班，如若违背八字会带来不吉利。北京四合院房门式样颇多，风格各异。

通常为上半部做成十字棱条或步步紧、套方木格，可装玻璃也可

转角铺作

四合院多为台阶木檐

糊高丽纸。下半部在门边中装门心板,门心板可刻上曲线花纹。四合院的门分风门、院门、隔扇门几种。屋门,隔扇门多用玻璃或窗格形式,而临街的门和门楼都用板门。

板门是用木板拼成的整体,为了结实耐用背后穿有木带,以燕尾槽和银锭扣连接加固,非常严实持久。

板门一侧边的上下出头做成门轴,插入上下坎门臼,开启自由。板门背后有木制门栓,人称“门插关”。

此种门既挡风又安全,以双扇对开居多。讲究的人家还在木门上雕出花卉、盘肠、葫芦等图案来突出门的美观性,还有将“忠厚传家久,诗书继世长”的楹联直接刻于门上,黑漆金字的木门成为文化人家的一种时尚。

如果再配上精致的门首,贴上门神,确实有种庄重威严之感。

说到四合院的门,必然又牵扯到住宅的门楼和门道。门楼及门道是各家的门户和门脸,它代表着主人的身份,地位与穷富,门楼的建筑形式备受人们的关注。

无论是广亮大门,垂花门,如意门或蛮子门豪华或普通与否,其在建造上都离不开木结构。而各种木活技艺均能在这里得到体现,最突出的部件是透雕的罩面板,讲究的门楼观赏性并不亚于院宅房舍。

砖墙瓦顶,台阶木檐,厚重的街门,油漆彩绘的额枋及一双石雕门礅在门前相守相望,使四合院的门楼更加绚丽多姿,肃穆庄严。

老北京四合院里居室的窗户花样繁多,造型美观大方。为了采光和保温,地面往上是砖砌的坎墙。

一米坎墙之上到檩方是木制窗户,窗子下半部以木框分几等份,框内安装大玻璃。上半部是用木棱做成的各种窗格,有灯笼紧、套方、盘肠、乱劈柴、双笔管、斜向眼等式样,其造型十分优美做工细腻精良。

所有的框、边、棱条均以榫卯结合,部件配合很得当。为了通风可做成上支下摘,或外加一层纱窗。精美的窗格,豪华的木门,雕梁画栋的檐枋,使青砖灰瓦的四合院宅舍显示出古色古香。

大凡有身份人家的四合院,室内一般都不砌成固定隔断,间与间多采用木隔扇分成小单元。这种形式拆启自由,灵活方便,可以根据需要随时变更空间。

而精巧轻便的木隔扇又可作为一种特殊的室内装饰品,给人带来一种舒适典雅之美感。因为隔扇有多姿多彩的窗格,还镶有玲珑剔透的木雕花卉,每扇心板上或浮雕花纹,或附予彩绘。风韵独特的细木装修,使居室气氛充满了温馨与浪漫。

除此之外,四合院中的走廊、影壁、挂落屏风及柱头枋下的雀头、花牙子,在制作工艺上也是十分的精湛,无论是格局或造型极具

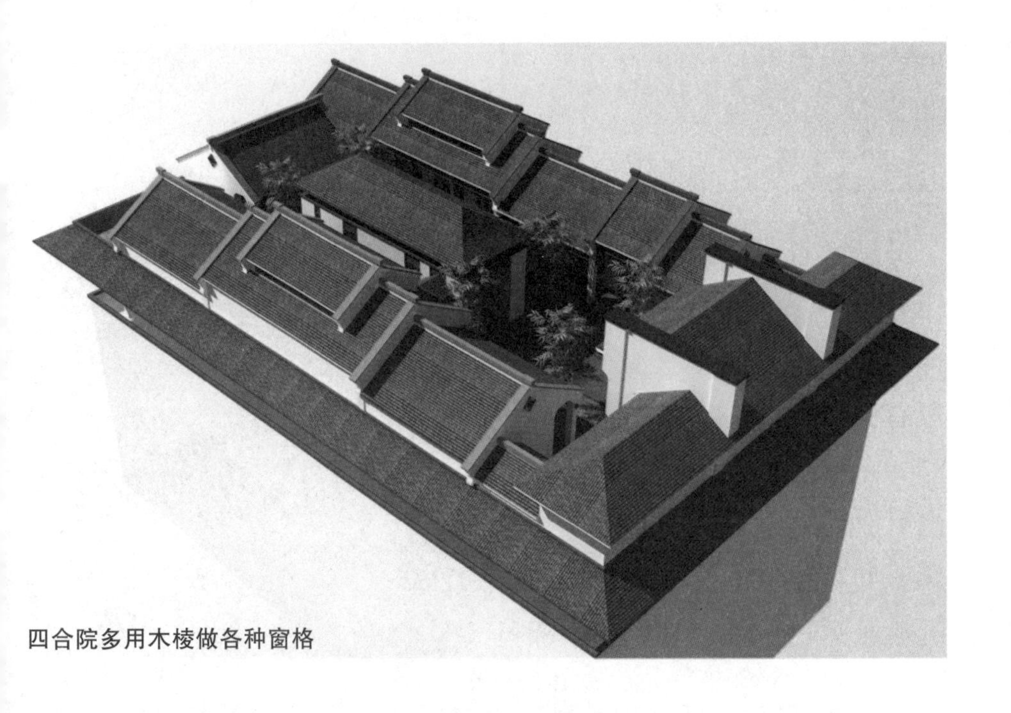
四合院多用木棱做各种窗格

四合院广泛使用木质材料

观赏性。

这些用木材制成的物件以其特有的形状、体态，色彩和质感构成无数点、线、面的有机组合，形成了四合院建筑造型艺术诸多内容。也给人们的居住环境营造出一个舒适、和谐、多趣的生活空间。

可以说，在四合院建筑当中，木质材料的广泛使用，表明其所具有的重要价值。它在房屋内外装饰方面，也发挥着很大作用。

古代匠师们以巧夺天工的高超技艺，把木材制成居舍结构及各种装饰物，与砖瓦灰石结合成一体，营造出世界罕见的民宅和殿堂。

如今这些蕴含着古都历史和人文精神的传统四合院，它就像一位饱经风霜而无言的老人，引导着后人去追寻，感悟逝去的岁月中曾拥有的辉煌与灿烂。

近代最杰出的建筑师——吕彦直

吕彦直，字仲宜，又字古愚，山东东平人。1894 年出生于天津。仲宜从小喜欢绘画，对艺术很有天赋。

古木结构建筑速写

在仲宜八岁时，父亲就不幸离开他，去了另一个世界。到了第二年，他背井离乡，跟随姐姐，远渡重洋，到了法国巴黎，在那里侨居。当然，他同时又是幸运的，在巴黎，他接触了当时先进的西方文化，对他以后的成功，不能不说是起到了启蒙作用。

海外数年，他回国后，到了北京的五城学堂求学。他曾受教于著名的文学家、翻译家林琴南。因此，在接受祖国灿烂文化教育的同时，也学了不少西方科学知识。当然，这又对他发扬民族文化，融东西方艺术为一体，起到了很重要的作用。

1911年，他以优异的成绩，考入了清华学堂留美预备部读书。

到了1913年，他读完全部规定课程，成为官派公费赴美学生，进入康奈尔大学。开始他是攻读电气专业，后又改学建筑。

1921年他学成回国，在途中曾转道欧洲，考察西洋建筑。回到祖国后，他寓居上海，在过养默、黄锡霖开设的东南建筑公司从事建筑设计。

当时他是以设计花园洋房为主，较有名的是上海香港路4号的银行公会大楼。后来，他离开东南建筑公司，与人合资经营了真裕建筑公司；不久，又在上海开设彦记建筑事务所，这也是中国早期由中国建筑师开办的事务所之一。

1925年5月，中国革命先驱孙中山先生葬事筹备处，向海内外建筑师和美术家悬奖，征求陵墓建筑设计图案。

就在9月份，吕彦直以简朴、庄重的钟形建筑图案，在40多种设计方案评选中，技压群雄，荣获首奖。

并受孙中山先生葬事筹备委员会之聘，担任陵墓建筑师，监理陵墓工程。

到1927年5月，由他主持设计的广州中山纪念堂和纪念碑，在28份中外建筑师应征设计的方案中，再次夺魁。自此，他蜚声海内外。

据说在中山陵主体工程施工时，他不顾个人身体情况和安危，经常跋涉于沪宁之间，还长期同施工人员同宿山上，督促施工。

鉴于吕彦直对建造孙中山先生陵墓的杰出贡献，在他逝世后，南京国民政府通报全国，予以褒奖。

贝聿铭——注重抽象形式的建筑师

贝聿铭是美籍华人建筑师，1917年生于广州，父亲是中国银行创始人之一贝祖怡。10岁时，他随父亲来到上海。

18岁去美国，先后在麻省理工学院和哈佛大学学习建筑。1955年，他建立建筑事务所。说他是注重于抽象形式的建筑师，是因为他喜好的建筑材料是石材、混凝土、玻璃和钢。但是，他被誉为二十世纪世界最成功的建筑师之一，他设计了大量的划时代建筑。

贝聿铭设计的罗浮宫入口

贝聿铭的早期作品，有《密斯的影子》。不过他不像密斯以玻璃为主要建材，他还采用混凝土。像纽约的富兰克林国家银行，镇心广场住宅区，夏威夷东西文化中心等，均属这类作品。

到了中期，他积累了丰富的建设经验，而且充分掌握了混凝土的性质，因此，他的作品趋向于柯比意式的雕塑感。这个时候，像全国大气研究中心，达拉斯市政厅等，都是这方面的经典之作。

他摆脱密斯风格，应该以甘乃迪纪念图书馆开始，几何性的平面，取代了规规矩矩的方盒子，蜕变出的是醒目的雕塑性的造型。

他的这些成就，使得他有机会跻身为齐氏威奈公司专属建筑师，从事大尺度的都市建设案。

他从这些开发案中，获得对土地使用的宝贵经验，更使得他的建筑设计，不单考虑建筑物本身，更关系到把环境建设提到都市设计中，着重创造社区意识与社区空间。

他的最脍炙人口的是费城社会岭住宅社区一案，而他们所接受的案子，以办公大楼与集合住宅为主。

最完整的木结构建筑——大雄宝殿

大雄宝殿为北宋大中祥符六年重建，是中国江南地区最古老、保存最完整的木结构建筑之一。

清康熙二十三年增建了三面下檐，使之形成重檐歇山顶形式。全部结构不用一铆一钉，全凭借斗拱和昂之间的巧妙衔接和榫卯结构，将整个建筑物的各个构件牢固地凝结在一起，承托整个大殿屋顶的重量。

斗拱采用七铺作单拱双抄双下昂偷心造，大殿前槽天花板上安置了三个造型精美的镂空藻井，因藻井完全遮住了梁架，故人也称

大雄宝殿

大雄宝殿也称“无梁殿”

大雄宝殿为“无梁殿”。

同时又暗寓功德无量之意。柱子的设计更是匠心独具，外观呈瓜棱状，柱心为四根小柱起承重作用，采用小拼大的“包作”和宋代“四段合”拼柱做法做成的。风格独特，既省材牢固，又美观实用；反映了当时建筑艺术上独特的风格和在力学研究上达到的高水平，从另一个侧面反映了中国古代劳动人民的聪颖智慧和伟大的创造力。

出大雄宝殿望见的是一方水池，池上方有明代御史颜琼所书的“一碧涵空”四字，池中鱼儿在尽情地嬉水、追逐。

跨上台阶迎面屹立的是天王殿，殿内有泥塑的菩萨、四大金刚及塑雕的佛教故事。天王殿的左侧为藏经楼，也叫“大悲阁”，系清代建筑。

内有砖雕陈列，展示了16幅砖雕屏风。屏风呈清代扇门形式，雕刻着秦末张良受书、魏晋竹林七贤、汉代苏武牧羊等民间传说故事，人物造型丰满，形态逼真，整个画面形象生动，富有情趣。

与之相对称的是钟楼，钟楼建于清咸丰四年，内置青铜的大钟及许多编钟。大钟重约1 500千克，钟面中间雕刻着4尊菩萨。

寺内有十二个展室，在钟楼可撞钟，鼓楼可击鼓，婚俗厅可着古装、坐在万工轿千工床里拍照留影。

北京国际友谊博物馆保国寺分馆又隆重开馆，展厅面积约300平方米，展线长70米，展出的有七宝烧花花卉图盘，银袋鼠，木雕子母鹿，木雕嵌螺甸等百余件珍品，供游客观赏。

最古老的木结构建筑——大佛殿

宋金以前的木构建筑有106处，占全国同期建筑物的70%以上。山西的古建筑以五台山地区最为集中，而五台山的古建筑又以南禅寺最为古老。

南禅寺位于五台县阳白乡李家村附近小银河一侧的河岸土崖上。庙宇坐北朝南，迎面和背面各有一道山梁，寺旁渠水环绕，林木繁茂，红墙绿树，溪水青山，极为幽静。

南禅寺就是在如此美丽的环境中已经存在了1 200多年。

寺院并不大，占地约3 000多平方米，南北长60米，东西宽51米，分两个院落，共有殿堂六座，即大佛殿、东西配殿及南过门殿等。

大佛殿为寺院主体建筑，面宽和进深都是三间，而内里却是一大间，是单檐歇山顶建筑，共用十二根檐柱支撑殿顶，墙身并不负重，只起间隔内外和防御风雨侵袭的作用。

四周檐柱柱头微微内倾，四个角柱稍高，使得层层伸出的斗拱翘起。这样，大殿既稳固又俏丽，是典型的唐代建筑风格。

大佛殿

据大殿横梁

木塔

上题记可知,此殿重建于唐德宗建中三年,距今已有1 217年,是中国现存所有木构古建筑的老大哥。

这也是南禅寺海内外闻名的主要原因。殿内的塑像都是唐代作品,以释迦牟尼佛为中心,两旁是文殊、普贤二位菩萨,其余为大弟子阿难和迦叶及护法天王等群像,主次分明,错落有致,营造出佛界肃穆而和谐的良好氛围。

不论是结跏趺坐于正中的佛主,或者是骑狮的文殊菩萨和乘象的普贤菩萨,亦或是凝神肃立的阿难和迦叶,还是威猛雄壮的护法天王,个个神态自若,表情逼真,若动若静,栩栩如生,都是艺术精品,其风格与敦煌莫高窟彩塑如出一辙。

佛坛四周嵌有砖雕70幅,是唐代砖面浮雕艺术杰作,同样颇具艺术价值。置身大佛殿内,犹如进入一座唐代艺术殿堂,不论建筑,还是塑像、砖雕均是稀世国宝。

这样一座唐代建筑为何能够完好地保存下来?答案应从多方面去找。从地势和气候上说,这里高而背风,较为干燥,有利于木构建筑物的完好保存。

正是这几方面的原因,从而使南禅寺这座千年古刹得到完善的保存。

最高最古老的木构塔式建筑

释迦木塔位于山西省应县城内西北佛宫寺内，俗称应县木塔。是中国现存最高最古的一座木构塔式建筑。为全国重点文物保护单位。

它建于辽清宁二年，金明昌六年增修完毕。经历900多年的风雨侵蚀、地震战火，至今仍保存完好。除其塔基牢固，结构谨严外，历代不断维修也是重要原因，特别是中华人民共和国成立后，进行了系统地修缮和管理。

1953年成立了文物保管所，1974年至1981年，国家拨大量专款，调拨优质木材对木塔进行全面抢修，使这座当今世界上保护最完整、结构最奇巧、外形最壮观的古代高层木塔建筑焕然一新，巍然屹立。并以其悠久的历史、独特的艺术风格和高超的建筑技术，吸引着国内外游客。

木塔建造在四米高的台基上，塔高67.31米，底层直径30.27米，呈平面八角形。第一层立面重檐，以上各层均为单檐，共五层六檐，各层间夹设暗层，实为九层。

因底层为重檐并有回廊，故塔的外观为六层屋檐。各层均用内、外两圈木柱支撑，每层外有24根柱子，内有八根，木柱之间使用了许多斜撑、梁、枋和短柱，组成不同方向的复梁式木架。

有人计算，整个木塔共用红松木料3 000立方，约260万千克重，整体比例适当，建筑宏伟，艺术精巧，外形稳重庄严。

木塔

木塔近景

塔身底层南北各开一门。二层以上周设平座栏杆，每层装有木质楼梯，游人逐级攀登，可达顶端。

二至五层每层有四门，均设木隔扇，光线充足，出门凭栏远眺，恒岳如屏，桑干似带，尽收眼底，心旷神怡。

塔内各层均塑佛像。第一层为释迦牟尼，高11米，面目端庄，神态怡然；顶部有精美华丽的藻井，内槽墙壁上画有六幅如来佛像，门洞两侧壁上也绘有金刚、天王、弟子等，壁画色泽鲜艳，人物栩栩如生。

二层坛座方形，上塑一佛二菩萨和二胁侍。三层坛座八角形，上塑四方佛。四层塑佛和阿难、迦叶、文殊、普贤像。五层塑毗卢舍那如来佛和人大菩萨。

各佛像雕塑精细，各具情态，有较高的艺术价值。塔顶作八角攒尖式，上立铁刹，制作精美，与塔协调，更使木塔宏伟壮观。塔每层檐下装有风铃，微风吹动，叮咚作响，十分悦耳。

应县木塔的设计，大胆继承了汉、唐以来富有民族特点的重楼形式，充分利用传统建筑技巧，广泛采用斗拱结构，全塔共用斗拱54种，每个斗拱都有一定的组合形式，有的将梁、坊、柱结成一个整体，每层都形成了一个八边形中空结构层。

设计科学严密，构造完美，巧夺天工，是一座既有民族风格、民族特点，又符合宗教要求的建筑。在中国古代建筑艺术中可以说达到了最高水平，即使现在也有较高的研究价值。

木塔自建成后，历代名人挂匾题联，寓意深刻，笔力遒劲，为木塔增色不少。

明成祖朱棣于永乐四年，率军北伐，驻宿应州，登城玩赏时亲题“峻极神功”；明武宗朱厚照正德三年督大军在阳和、应州一带击败入塞的鞑靼小王子，登木塔宴请有功将官时，题“天下奇观”。

塔内现存明、清及民国匾、联 54 块。

对联也有上乘之作，如“拔地擎天四面云山拱一柱，乘风步月万家烟火接云霄”；“点检透云霞西望雁门丹岫小，玲珑侵碧汉南瞻龙首翠峰低”。

此外，与木塔齐名的是塔内发现了一批极为珍贵的辽代文物，尤其是辽刻彩印，填补了中国印刷史上的空白。

文物中以经卷为数较多，有手抄本，有辽代木版印刷本，有的经卷长达30多米，实属国内罕见，为研究中国辽代政治、经济和文化提供了宝贵的实物资料。

迷你知识卡

榫

竹、木、石制器物或构件上利用凹凸方式相接处凸出的部分。如：榫卯、榫头和卯眼。

图书在版编目(CIP)数据

雕版印刷、传统木结构营造技艺 / 吴俊编著. -- 长春 : 吉林出版集团股份有限公司, 2014.7

(争奇斗艳的世界非物质文化遗产 : 彩图版 / 沈丽颖主编)

ISBN 978-7-5534-5106-0

Ⅰ. ①雕… Ⅱ. ①吴… Ⅲ. ①木版水印—介绍—中国 ②古建筑—木结构—建筑艺术—中国 Ⅳ. ①TS872 ②TU-881.2

中国版本图书馆CIP数据核字(2014)第152276号

争奇斗艳的世界非物质文化遗产(彩图版)
雕版印刷、传统木结构营造技艺

作　　者 吴　俊
出 版 人 吴　强
责任编辑 陈佩雄
开　　本 710mm × 1 000mm　1/16
字　　数 150 千字
印　　张 10
版　　次 2014 年 7 月第 1 版
印　　次 2021 年 9 月第 2 次印刷
出　　版 吉林出版集团股份有限公司
发　　行 吉林音像出版社有限责任公司
　　　　 吉林北方卡通漫画有限责任公司
地　　址 长春市福祉大路 5788 号
发　　行 0431-81629667
印　　刷 鸿鹄(唐山)印务有限公司
ISBN 978-7-5534-5106-0　　定价: 45.00 元